ISBN 978-3-662-24015-1 ISBN 978-3-662-26127-9 (eBook)
DOI 10.1007/978-3-662-26127-9

Die in den Sitzungsberichten Abtlg. I und Abtlg. II der math.-nat. Klasse der Österr. Ak. d. Wiss. erscheinenden Abhandlungen werden auch einzeln abgegeben. Sie können durch jede Buchhandlung oder direkt durch die Auslieferungsstelle der Österreichischen Akademie der Wissenschaften (Wien I, Singerstraße 12) bezogen werden.

Nachfolgende Abhandlungen aus dem Fache der **Paläontologie** sind erschienen:

1953 (S I Bd. 162):

Papp A. und Küpper K.: Holothurienreste aus dem Torton des Wiener Beckens (mit 1 Tafel). S 3.—

Papp A. und Küpper K.: Die Foraminiferenfauna von Guttaring und Klein St. Paul (Kärnten). II. Orbitoiden aus Sandsteinen vom Pemberger bei Klein St. Paul (mit 4 Tafeln). S 13.60

Papp A. und Küpper K.: Über Stolonen von Auxiliarkammern bei Orbitoides und Lepidorbitoides (mit 1 Tafel). S 4.—

Papp A. und Küpper K.: Die Foraminiferenfauna von Guttaring und Klein St. Paul (Kärnten). III. Foraminiferen aus dem Campan von Silberegg (mit 3 Tafeln). S 11.30

Sieber R.: Eozäne und oligozäne Makrofaunen Österreichs. S 8.50

1954 (S I Bd. 163):

Bachmayer F.: Zwei bemerkenswerte Crustaceen-Funde aus dem Jungtertiär des Wiener Beckens (mit 1 Tafel). S 6.60

Janetschek H.: Ein neues inneralpines Nunatakrelikt aus einer für die Alpen neuen Gattung (Ins., Thysanura) (mit 12 Textabbildungen). S 5.20

Obritzhauser-Toifl, Hertha: Pollenanalytische (palynologische) Untersuchungen von mehreren organischen Substanzen (mit 6 Textabbildungen). S 30.—

Schremmer F.: Bohrschwammspuren in Actaeonellen aus der nordalpinen Gosau (mit 1 Tafel). S 3.80

Strouhal H.: Isopodenreste aus der altplistozänen Spaltenfüllung von Hundsheim bei Deutsch-Altenburg (Niederösterreich) (mit 7 Textabbildungen und 2 Tafeln). S 10.30

Tollmann A.: Die Gattungen Lingulina und Lingulinopsis (Foraminifera) im Torton des Wiener Beckens und Südmährens (mit 2 Tafeln). S 9.90

Zapfe H.: Die Fauna der miozänen Spaltenfüllung von Neudorf a. d. March (ČSR). Proboscidea (mit 2 Textabbildungen und 2 Tafeln). S 12.30

1955 (S I Bd. 164):

Bachmayer F.: Die fossilen Asseln aus den Oberjuraschichten von Ernstbrunn in Niederösterreich und von Stramberg in Mähren (mit 9 Textabbildungen und 6 Tafeln). S 26.60

Beier M.: Insektenreste aus der Hallstattzeit (mit 4 Abbildungen und 2 Tafeln). S 6.40

Herre W.: Die Fauna der miozänen Spaltenfüllung von Neudorf a. d. March (ČSR), Amphibiia (Urodela) (mit 6 Textabbildungen). S 14.80

Kühn O.: Die Bryozoen der Retzer Sande (mit 2 Tafeln). S 14.10

Papp A.: Orbitoiden aus der Oberkreide der Ostalpen (Gosauschichten) (mit 3 Tafeln). S 12.20

Papp A.: Die Foraminiferenfauna von Guttaring und Klein St. Paul (Kärnten): IV. Biostratigraphische Ergebnisse in der Oberkreide und Bemerkungen über die Lagerung des Eozäns (mit 4 Textabbildungen). S 12.20

Plöchinger B.: Eine neue Subspezies des Barroisiceras haberfellneri v. Hauer aus dem Oberconiader Gosau Salzburgs (mit 2 Textabbildungen und 1 Tafel). S 4.40

Tollmann A.: Die Foraminiferenentwicklung im Torton und Untersarmat in den Randfazies der Eisenstädter Bucht (mit 1 Textabbildung). S 6.70

1956 (S I Bd. 165):

Bernhauser A.: Kann intravitaler Befall durch Bohrorganismen an fossilen Fischzähnen nachgewiesen werden? (mit 10 Textabbildungen). S 7.60

Thenius E.: Zur Kenntnis der fossilen Braunbären (Ursidae, Mammal.) (mit 5 Textabbildungen und 1 Tafel). S 17.20

Thenius E.: Die Suiden und Thayassuiden des steirischen Tertiärs. Beiträge zur Kenntnis der Säugetierreste des steirischen Tertiärs. VIII. (mit 31 Textabbildungen). S 25.—

Die obersenone Gastropodenfauna von Sümeg im südlichen Bakony

Von L. Benkö-Czabalay (Budapest)

Mit 2 Tafeln

(Vorgelegt in der Sitzung am 24. Jänner 1965)

Aus dem Obersenon des südlichen Bakony wurden bisher nur einige Gastropoden in Faunenlisten und in einer unveröffentlichten Dissertation von E. Teplánszky 1954 bekannt; in dieser wurden von Hárskut bei Sümeg beschrieben: *Glauconia kefersteini*, *G. obvoluta*, *Pirenella münsteri*, *P. hoeninghausi*, *Cerithium inferiore*, *C. nerei*, *C. reticosum*, *C. cf. macrostoma*, *Turritella tricincta*, also nur ein Bruchteil der wirklich vorhandenen Arten.

Mit der Stratigraphie des Gebietes beschäftigten sich in letzter Zeit R. Hojnos 1936, K. Barnábas 1937, J. Noszky 1944, 1952, 1957, G. Kopek 1957, 1961, L. Benkö-Czabalay 1959—1961. Nach den früheren paläontologischen Monographien von B. Géczy 1954, und E. Szörényi 1955, erschienen noch mikropaläontologische von M. Sidó, sporen-pollenanalytische von F. Góczán; einige malakologische sind z. T. eben beendet, z. T. stehen sie vor dem Abschlusse (vgl. Comité du Méditerranéen, Sitzung in Budapest am 7. 6. 1961). Über eine neue stratigraphische Gliederung des Senons in unserem Gebiete vgl. L. Benkö-Czabalay 1962, Tabelle 1.

Hier versuche ich, die Lücke bezüglich der Gastropoden zu schließen. Die Arbeit wurde in Wien 1958 begonnen, als ich dort Gelegenheit hatte, die reichen Sammlungen des Paläontologischen Institutes der Universität, des Naturhistorischen Museums und der Geologischen Bundesanstalt zu studieren. Den Professoren O. Kühn, H. Zapfe und R. Sieber bin ich für ihre Hilfe und Beratung zu Dank verpflichtet, Prof. Dr. Dr. h. c. mult. O. Kühn auch für zahlreiche Mitteilungen über alpine Gosauschichten.

I. Die Fundorte

Das Material wurde von J. Fülöp, B. Géczy, A. Horváth, L. Kocsis, G. Kopek, J. Noszky und mir aufgesammelt. Außerdem wurden die älteren Sammlungen der Ungarischen Geologischen Anstalt verwertet und auch das Material von 1957, das sich eben da befindet.

Es stammt nur von wenigen Fundorten und Bohrungen, alle aus der Umgebung von Sümeg im südlichen Bakony, aus 3 Horizonten, und zwar von oben nach unten:

a) Inoceramenkalk und -mergel, aufgeschlossen im Gerincer Steinbruch, im Haraszter städtischen Steinbruch und im Gombás-Steinbruch. In dieser Schichte wurde außer Inoceramen nur *Cimolithium inauguratum* STOLICZKA gefunden.

b) Gryphaeen Mergel, nur aus den Tiefbohrungen Sp. 1, Sp. 2, Sp. 3 bekannt. Hier herrschen in den oberen Lagen Muscheln, besonders austernartige, vor, in den unteren Lagen dagegen Gastropoden, in einer Bank nur kleine Aptyxiellen (*A. flexuosa*).

c) Molluskenführende Tonmergel, aufgeschlossen in Hárskut, erbohrt in den Tiefbohrungen Sp. 1, Sp. 2, Sp. 3. Hier dominieren die Schnecken, in oberen Stufen sind sie von bivalvenreicheren Lagen unterbrochen.

II. Die Fauna

Familie: Littorinidae GRAY 1840
Gattung: Tanaliopsis COSSMANN 1907

Tanaliopsis spinigera (SOW.) COSSM.
(Taf. 1, Fig. 13—16)

1831 (*Trochus spiniger*) SOWERBY, S. 418.
1831 (*Turbo spiniger*) SOWERBY, Taf. 38, Fig. 15.
1852 (*Turbo spiniger*) ZEKELI, S. 54, Taf. 9, Fig. 10.
1852 (*Turbo spiniger*) REUSS, S. 900.
1852 (*Trochus spiniger*) PETERS, S. 12.
1854 (*Turbo spiniger*) REUSS, S. 17.
1865 (*Tanalia spiniger*) STOLICZKA, S. 160.
1916 (*Tanaliopsis spinigera*) COSSMANN, *10*, S. 77.
1944 (*Tanaliopsis spinigera*) WENZ, S. 267, Abb. 553 (kop. ZEKELI, Taf. 9, Fig. 10).
1954 (*Turbo spiniger*) GIVULESCU, S. 210.

Holotypus (durch Monotypie): das von SOWERBY Taf. 38, Fig. 18 abgebildete Stück. British Museum Nat. Hist. London. Die Art ist zugleich Gattungstypus.

Locus typicus: „Traunwand."

Stratum typicum: Senon, jünger als Unter-Santon.

Material: Sümeg, Mollusken-Tonmergel (Hárskut), 12 Exemplare, Inv. Nr. K. 484—488.

Höhe 15 mm, größter Durchmesser 12 mm. Meine Stücke sind nicht gut erhalten, über ihre Identität mit jenen von ZEKELI kann aber kein Zweifel sein. STOLICZKA scheint zwar die Übereinstimmung der Exemplare von SOWERBY und ZEKELI zu bezweifeln. Die richtigste Beschreibung ist jene von REUSS, sowohl was die Querrippen als auch was die Spiralreifen betrifft. Wieso STOLICZKA dazu kommt, die Art ganz nahe zu *Tanalia acinosa* zu stellen, ist unbegreiflich.

Verbreitung: Österreich (Gosaubecken, Traunwand, Abtenau; Neue Welt, bes. Muthmannsdorf, Strelzhof; Gams); Rumänien (Borod).

Familie: Trochidae D'ORBIGNY 1837
Gattung: Michaletia COSSMANN 1903

Michaletia semigranulata COSSMANN

1903 (*Michaletia semigranulata*) COSSMANN, S. 10, Taf. 3, Fig. 6—7, 17.
1914 (*Michaletia semigranulata*) COSSMANN, *11*, S. 210.

Material: Sümeg, Mollusken-Tonmergel (Hárskut), 2 Exemplare, Inv. Nr. K. 475.

Höhe 11,5 mm, größter Durchmesser 13,3 mm. Sehr niedrige Form, die letzte Windung nimmt mehr als die Hälfte der Gesamthöhe ein. Die Spira umfaßt 5 gewölbte Windungen. Die 4 Körnerreihen sind infolge starker Abnützung nur schwach zu sehen. Die Form entspricht also völlig der Typusart von Michaletia.

Verbreitung: Frankreich (St. Cyr, Figuières, Coniacien).

Michaletia cf. carinifera BINKHORST

1861 (*Turbo cariniferus*) BINKHORST, S. 50, Taf. 5, Fig. 5a—c.

Material: Sümeg, Mollusken-Tonmergel (Hárskut), 4 Exemplare, Inv. Nr. K. 476.

Höhe 11,1 mm, größter Durchmesser 10,8 mm.

Untersetzte Kegelform, die Spira besteht aus 4 Windungen mit tiefer Naht. Den Windungen sitzen 5 Knotenreihen auf, von denen die oberste die schwächste ist, die vorletzte, die stärkste, ist nur mehr eine Punktreihe. Auch die Basis ist von feinen Punktreihen bedeckt, die den tiefen Nabel einfassen. Die Mündung ist leider bei allen Stücken zerbrochen.

Diese Art steht zweifellos jener von Limburg nahe. Sie ist aber kleiner und die Körnerreihen sind etwas verschieden, so daß man sie nur annähernd bestimmen kann.

Verbreitung: Limburg (Senon).

Gattung: Tectus MONTFORT 1810

Tectus sougraignensis COSSMANN
(Taf. 1, Fig. 4—5)

1903 (*Trochus Tectus sougraignensis*) COSSMANN, S. 7, Taf. 3, Fig. 4—5.
1918 (*Tectus sougraignensis*) COSSMANN, XI, 183.

Material: Sümeg, Mollusken-Tonmergel (Hárskut), 8 Exemplare, Inv. Nr. K. 473.

Bemerkungen: Kegelförmige Schalen mit Höhen von 16,6 mm und Durchmesser von 12,1 mm. Die Windungen tragen einen starken Kiel mit kräftigen Knoten, die auf der letzten Windung stachelartig werden. Die Mündung ist fast viereckig, der Nabel bedeckt.

Unsere Exemplare entsprechen nur jenen von COSSMANN, die sich von *T. guerangeri* D'ORB. durch spitzigere Spira und die starkknotigen Spiralreifen unterscheiden.

Sonstige Verbreitung: Frankreich (Santonien-Campanien).

Tectus (Tectus) aff. ataphroides PARONA

1909 (*Trochus Tectus ataphroides*) PARONA, S. 200, Taf. 23, Fig. 16a—c.

Material: Sümeg, Mollusken-Tonmergel (Hárskut), 1 Exemplar, Inv. Nr. K. 474.

Höhe 18 mm, größter Durchmesser 16,2 mm. An diesem schlecht erhaltenen Stück ist kaum die Gattung (bezüglich deren übrigens auch PARONA nicht sicher war) zu bestimmen. Es ist zwar etwas größer als PARONAS Stück, zeigt aber mit diesem durch Skulptur und Ausbildung der Basis die größte Ähnlichkeit; die Ausbildung der Naht weicht aber durch eine leichte Einschnürung darüber ab.

Verbreitung der Art PARONAS: Italien (Mti d'Ocre), nach PARONA Cenoman.

Familie: Angariidae WENZ 1944
Gattung: Angaria ROEDING 1798

Angaria (Angaria) aculeata (ZEKELI)
(Taf. 1, Fig. 1—3)

1852 (*Delphinula aculeata*) ZEKELI, S. 58, Taf. 10, Fig. 10.
1853 (? *Trochus aculeatus*) REUSS, S. 902.
1865 (? *Astralium anuricatum*) STOLICZKA, S. 163.
1906 (*Delphinula acuta*) REPELIN, S. 42, Taf. 6, Fig. 3 (inkl. *D. muricata*).

Material: Sümeg, Mollusken-Tonmergel (Hárskut), 2 Exemplare, Inv. Nr. K. 472.

Bemerkungen: Von dieser umstrittenen Form liegen fast immer nur Bruchstücke oder verdrückte Exemplare vor. Auch meine Stücke zeigen den Mundrand nicht einwandfrei erhalten, so daß wohl die Identifizierung mit ZEKELIS Art, aber keine Stellungnahme zu den gegnerischen Ansichten von REUSS und STOLICZKA möglich ist.

Meine Exemplare haben Höhen von etwa 10,2 mm und größte Durchmesser von 14,9 mm. Die Spira ist niedrig, die Oberseite der Windungen abgeflacht; sie trägt 5 Körnerreihen, der Basalteil der letzten Windung ist mit 12 solchen Reihen bedeckt. Auf einem Kiel sitzen auch feine Stacheln.

Verbreitung: Österreich (Brandenberg, Sonnwendjoch, Neue Welt); Frankreich (Plan d'Aups).

Familie: Protoneritidae KITTL 1899
Gattung: Otostoma d'ARCHIAC 1859

Otostoma (Otostoma) zekeliana (STOLICZKA)
(Taf. 1, Fig. 6—8)

1852 (*Natica rugosa non* HOENINGHAUS) ZEKELI, S. 47, Taf. 8, Fig. 7.
1853 (*Natica roemeri non* GEINITZ) REUSS, S. 898, Taf. 1, Fig. 3.
1854 (*Natica roemeri-rugosa*) REUSS, S. 27.
1865 (*Nerita zekeliana*) STOLICZKA, S. 151.
1925 (*Desmieria zekeliana*) COSSMANN, *13*, S. 202.

Material: Sümeg, Mollusken-Tonmergel (Hárskut), 4 Exemplare, Inv. Nr. K. 477.

Höhe 8 mm, größter Durchmesser 12,2 mm. Binkhorst 1861, S. 43 und Stoliczka haben sich eingehend mit der Form dieser Art und ihren Unterschieden gegenüber *Natica rugosa* und *N. roemeri* beschäftigt. Die Differenz zwischen den Beschreibungen und Abbildungen von Zekeli und Reuss, auf die bereits Stoliczka hinwies, muß ich bestätigen, wie aus meiner Abbildung zu ersehen ist: beide sind falsch. Auf Zekelis Figur ist die Körnelung übertrieben, auf jener Reuss' fehlt sie ganz. Sie ist aber zweifellos vorhanden, wenn sie auch gegenüber der starken Querfältelung zurücktritt.

Verbreitung: Österreich (Gosaubecken: Hofergraben; Neue Welt, Muthmannsdorf, Strelzhof).

Familie: Neritopsidae Gray 1847
Gattung: Neritopsis Grateloup 1832

Neritopsis (Neritopsis) goldfussi (Keferstein)
(Taf. 1, Fig. 9—12)

1829 (*Nerita goldfussi*) Keferstein, S. 7.
1844 (*Nerita goldfussii*) Goldfuss, S. 115, Taf. 198, Fig. 20a—b.
1852 (*Nerita goldfussi*) Zekeli, S. 49, Taf. 8, Fig. 10.
1854 (*Nerita goldfussi*) Reuss, S. 8, 17, 60, 62.
1863 (*Nerita goldfussi*) Goldfuss, S. 107, Taf. 198, Fig. 20a—b.
1865 (*Dejanira goldfussi*) Stoliczka, S. 153.
1865 (*Nerita goldfussi*) Schauroth, S. 171.
1870 (*Dejanira goldfussi*) Sandberger, S. 78.
1892 (*Neritoptyx goldfussi*) Oppenheim, S. 773, Taf. 36, Fig. 5, 5a—b.
1908 (*Dejanira goldfussi*) Felix, S. 285.
1925 (*Neritopsis goldfussi*) Cossmann, *13*, S. 95.
1933 (*Nerita goldfussi*) Macovei & Athanasiu, S. 184.
1954 (*Nerita goldfussi*) Givulescu, S. 210.

Material: Sümeg, Mollusken-Tonmergel (Hárskut), 20 Exemplare, Inv. Nr. K. 478.

Höhe 8 mm, größter Durchmesser 10 mm. Die letzte, fast umfassende Windung ist mit 12—14 Reihen perlartiger Knötchen bedeckt, die auf die Naht folgende Knotenreihe ist etwas stärker. Der Nabel ist bedeckt, die Mündung halbmondförmig. Die für die Gattung bezeichnenden 8 Palatalzähnchen und der Columellarzahn sind deutlich zu sehen.

Die Selbständigkeit dieser Art wurde niemals bezweifelt, nur die Gattung war mehrmals umstritten. Das Zitat Keferstein 1828, S. 529, ist aus der Synonymie zu streichen, da KEFERSTEIN die Art hier wohl (ungenau) beschrieb, aber keinen Namen gab; erst 1829, S. 7 schrieb er „*Nerita goldfussii* Kf. cit. loc. P. 529. Ist neu".

STOLICZKA will auch *Nerita cingulata* REUSS zu dieser Art ziehen, obwohl er selbst auf die Unterschiede hinweist.

Verbreitung: Österreich (Traunwand, Abtenau, Edelbachgraben; Waaggraben; Grünbach, Miesenbachtal, Neue Welt); Rumänien (Borod, Mti Apuseni, S. Karpathen).

Familie: Turritellidae CLARK 1851
Gattung: Haustator MONTFORT 1810

Haustator rigidus (SOW.)

1831 (*Turritella rigida*) SOWERBY, S. 418, Taf. 38, Fig. 19.
1844 (*Turritella rigida*) GOLDFUSS, S. 109, Taf. 147, Fig. 9 a—b.
1852 (*Turritella rigida*) ZEKELI, S. 22, Taf. 1, Fig. 1 a—e.
1852 (*Turritella convexiuscula*) ZEKELI, S. 23, Taf. 1, Fig. 4.
1853 (*Turritella convexiuscula*) REUSS, S. 885.
1854 (*Turritella rigida*) REUSS, S. 17, 60.
1863 (*Turritella rigida*) GOLDFUSS, S. 102, Taf. 197, Fig. 9 a—b.
1865 (*Turritella rigida*) STOLICZKA, S. 111.
1865 (*Turritella convexiuscula*) STOLICZKA, S. 113.
1903 (*Turritella cf. convexiuscula*) WAEHNER, S. 16.
1906 (*Turritella convexiuscula*) REPELIN, S. 29, Taf. 3, Fig. 13,
1908 (*Turritella rigida*) FELIX, S. 260, 301, 308.
1912 (*Haustator ridigus*) COSSMANN, 9, S. 116.
1933 (*Turritella cf. rigida*) MACOVEI & ATHANASIU, S. 185.
1935 (*Turritella rigida*) SPENGLER, S. 200.
1954 (*Turritella rigida*) GIVULESCU, S. 210.

Holotypus (durch Monotypie): das von SOWERBY Taf. 147, Fig. 9 a—b abgebildete Exemplar. British Museum Nat. Hist. London.

Locus typicus: „Tyrol"; daher ohne Zweifel Brandenberg.

Stratum typicum: Unteres Campan.

Material: Sümog, Mollusken-Tonmergel (Hárskut), 30 Exemplare, Inv. Nr. K. 489.

Höhe 37,8 mm, größter Durchmesser 13,7 mm. Die Skulptur besteht aus 7 Spiralreifen, die ungleich stark sind. In der Mitte der Windung eine breite, seichte Furche; die oberen Spiralreifen sind feiner, die unteren stärker, unter der Furche liegt der stärkste Reifen.

Form und Skulptur entsprechen ganz Zekelis Form. Daß Zekelis Turritella convexiuscula nur auf Gehäusespitzen von T. rigida aufgestellt wurde, hat Stoliczka 1865 behauptet, während Zekeli betont hat, daß diese Form zwar *T. difficilis* und *T. disjuncta* nahestehe, „ohne jedoch in eine derselben überzugehen". Reuss hat an Hand der Originale festgestellt, daß diese von Zekelis Beschreibung und Abbildung stark abweichen. So muß die Frage der Identität beider Arten offen bleiben. Auch *T. convexiuscula* wird von neueren Autoren vielfach als selbständige Art betrachtet. Dazu kommt, daß die Schale offenbar sehr dünn war, da die Mehrzahl der Funde nur aus Steinkernen besteht oder mindestens die Schale stark abgerieben zeigt. Daher ist die Unterscheidung bei begrenztem Material besonders schwierig.

Verbreitung: Österreich (Brandenberg, Geisl am Sonnwendjoch, Traunwand, Gosaubecken genannt Finstergraben, Edelbachgraben, Neue Welt, Scharrergraben); Frankreich (Plan d'Aups, Rouve bei Beausset); Rumänien (Borod, Mti Apuseni).

Haustator disjunctus (Zekeli)

1852 (*Turritella disjuncta*) Zekeli, S. 24, Taf. 1, Fig. 4.
1853 (*Turritella disjuncta*) Reuss, S. 885.
1854 (*Turritella disjuncta*) Reuss, S. 16.
1865 (*Turritella disjuncta*) Stoliczka, S. 113.

Material: Sümeg, Mollusken-Tonmergel (Hárskut), 4 Exemplare, Inv. Nr. K. 494.

Höhe 10,5 mm, größter Durchmesser 4,3 mm. Der obere Teil der Windung ist flacher und mit 6 feinen Spiralreifen besetzt. Der stärker gewölbte untere Teil ist durch eine Furche vom oberen Teil getrennt und trägt 2—3 Spiralkiele. Alle Kiele sind fein gekörnt.

Die Stücke sind sehr brüchig, so daß man nur nach der Skulptur bestimmen kann.

Verbreitung: Österreich (Schattau im Gosaubecken).

Haustator columnus (Zekeli)

1852 (*Turritella columna*) Zekeli, S. 24, Taf. 1, Fig. 6a—c.
1853 (*Turritella columna*) Reuss, S. 885.
1854 (*Turritella columna*) Reuss, S. 8, 15, 21.
1865 (*Turritella columna*) Stoliczka, S. 113.
1865 (*Turritella columna*) Schauroth, S. 171.

1908 (*Turritella columna*) FELIX, S. 260, 301.
1912 (*Haustator columna*) COSSMANN, *9*, S. 116.
1921 (*Turritella columna*) HOJNOS, S. 12, 97.

Material: Sümeg, Mollusken-Tonmergel (Hárskut), 3 Exemplare, Inv. Nr. K. 492—293.

Höhe 19,8 mm, größter Durchmesser 7,3 mm. Auf den Windungen 5—7, meistens 6 starke Spiralreifen, zwischen denen sich noch je ein feinerer zeigt. In der Mitte der Windung ein Mittelfeld, das nur die feinen Reifen trägt. *H. disjunctus* unterscheidet sich durch niedrigere Windungen und das Fehlen der feinen Kiele.

Verbreitung: Österreich (Gosaubecken genannt Finstergraben, Tiefengraben, Edelbachgraben; Neue Welt, Miesenbachtal); Rumänien (Arad).

Haustator fittonianus (MUENSTER)

(Taf. 1, Fig. 19)

1844 (*Turritella fittoniana*) MUENSTER in GOLDFUSS, S. 109, Taf. 197, Fig. 10a—b.
1850 (*Turritella fittoniana*) D'ORBIGNY, S. 218.
1852 (*Turritella fittoniana*) ZEKELI, S. 24, Taf. 1, Fig. 7a—b.
1854 (*Turritella fittoniana*) REUSS, S. 60.
1863 (*Turritella fittoniana*) MUENSTER in GOLDFUSS, S. 102, Taf. 147, Fig. 10a—b.
1865 (*Turritella fittoniana*) STOLICZKA, S. 114.
1903 (*Haustator fittoni*) COSSMANN, S. 14, Taf. 2, Fig. 6.
1912 (*Haustator fittoni*) COSSMANN *9*, S. 116.

Material: Sümeg, Mollusken-Tonmergel (Hárskut), 30 Exemplare, Inv. Nr. K. 490—491.

Die Stücke gleichen MUENSTERS Art sowohl in Gehäuseform wie in Skulptur. Namentlich die vier stärkeren, gekörnten Spiralreifen, wie die dazwischenliegenden, sehr feinen, sind stellenweise deutlich zu sehen.

Verbreitung: Österreich (Gosautal, Neue Welt).

Gattung: Turritella LAMARCK 1799

Turritella (Turritella) difficilis repelini n. ssp.

(Taf. 1, Fig. 20—21)

1906 (*Turritella tricincta* non MUENSTER) REPELIN, S. 30, Taf. 3, Fig. 12.

1947 (*T. difficilis d'O. var. tricincta*) DUBOUL, S. 209, Taf. 3, Fig. 13.
non Turritella tricincta MUENSTER 1944, S. 105, Taf. 196, Fig. 11.

Holotypus (hier bestimmt): das auf Taf. 1, Fig. 20 dieser Arbeit abgebildete Stück. Budapest, Ungarische geologische Anstalt, Inv. Nr. K 495 a.

Locus typicus: Sümeg-Hárskut.

Differentialdiagnose: von *Turritella tricincta* (MUENSTER) durch breitere Spiralreifen mit viel schmäleren Zwischenräumen unterschieden.

Material: Sümeg, Mollusken-Tonmergel (Hárskut) über 100 Exemplare, Inv. Nr. K. 495.

Höhe 8 mm, Breite 13 mm. Eine ausgesprochene Turritellide mit 3 fast gleichen, kräftigen Spiralreifen pro Windung, nur die unterste ist etwas stärker, unterscheidet sich deutlich von der *Turritella tricincta* MUENSTER aus den Lias von Berg bei Altdorf, die nur dünne Spiralreifen mit 3—4mal breiteren Zwischenräumen und deutliche Zuwachsstreifen in diesen zeigt. Auch die Flanken der Windungen sind bei unserer Form gerade, bei der liasischen dagegen deutlich gewölbt.

Verbreitung: Frankreich (Plan d'Aups).

Familie: Glauconiidae PCELINCEV 1954
Gattung: Glauconia GIEBEL 1852

Glauconia (Glauconia) coquandiana kefersteini (MUENST.)
(Taf. 2, Fig. 1—2)

1844 (*Cerithium kefersteini*) MUENSTER in GOLDFUSS, S. 36, Taf. 174, Fig. 11.
1852 (*Omphalia kefersteini*) ZEKELI, S. 27, Taf. 2, Fig. 3a, c, e (non 3b = *G. obvoluta*).
1853 (*Omphalia kefersteini*) REUSS, S. 887.
1854 (*Omphalia kefersteini*) REUSS, S. 8, 17, 50, 60.
1863 (*Cerithium kefersteini*) GOLDFUSS, S. 34, Taf. 174, Fig. 11.
1865 (*Omphalia kefersteinii*) STOLICZKA, S. 119 (incl. *O. suffarcinata, coquandiana, ventricosa*).
1865 (*Omphalia kefersteini*) SCHAUROTH, S. 172.
1899 (*Glauconia kefersteini*) de ALESSANDRI, S. 179.
1907 (*Glauconia coquandi var. kefersteini*) REPELIN, S. 36, Taf. 4, Fig. 10—14.

1908 (*Omphalia kefersteini*) FELIX, S. 285.
1909 (*Glauconia kefersteini*) COSSMANN, S. 167.
1924 (*Glauconia kefersteini*) ALBRECHT, S. 305.
1933 (*Glauconia kefersteini*) MACOVEI & ATHANASIU, S. 183.
1935 (*Glauconia kefersteini*) SPENGLER, S. 93.
1942 (*Glauconia kefersteini*) KLINGHARDT, S. 207.
1942 (*Glauconia kefersteini*) DACQUÉ, Taf. 42, Fig. 4 (kop. ZEKELI, Taf. 2, Fig. 2a, verkleinert).
1944 (*Glauconia kefersteini*) WENZ, S. 694, Abb. 1937 (kop. ZEKELI 1852, Taf. 2, Fig. 3a).
1947 (*Glauconia kefersteini*) DUBOUL, S. 217, Taf. 3, Fig. 22.
1949 (*Glauconia coquandi var. kefersteini*) PETKOVIĆ & PASIĆ, S. 142, Taf. 1, Fig. 6—13, Taf. 2, Fig. 13—16.
1949 (*Glauconia coquandi var. kefersteini*) PETKOVIĆ, S. 142.
1952 (*Glauconia coquandi var. kefersteini*) PETKOVIĆ, S. 18.
1952 (*Glauconia coquandi var. kefersteini*) ĆIRIĆ, S. 254, Taf. 2, Fig. 4, 7, 8, Taf. 3, Fig. 2.
1954 (*Glauconia kefersteini*) GIVULESCU, S. 210.

Material: Sümeg, Mollusken-Tonmergel (Hárskut) über 200 Exemplare, Inv. Nr. K. 497—501.

Erst STOLICZKA hat darauf hingewiesen, daß *G. kefersteini* die nächsten Beziehungen zu *G. coquandiana* D'ORBIGNY zeigt, indem die vollen Spiralreifen von *G. kefersteini* Unterbrechungen aufweisen und alle Übergänge zu den geknoteten Spiralreifen von *G. coquandiana* auftreten. Wir haben aber bisher niemals an einem Fundort alle Übergänge gefunden, sondern stets an einem (z. B. Karbach am Traunsee) nur geknotete, an einem anderen (z. B. Sümeg) nur glatte Reifen, höchstens mit Spuren einer Teilung in Knoten; daher behalten wir die Teilung in Unterarten vorläufig bei.

Der stets stark hervorragende Nahtwulst und die drei deutlichen Spiralreifen, von denen der unterste schwächer bleibt, sowie die streng kegelige Form sind genügend scharfe Merkmale gegenüber den anderen Arten. Man kann, wie die Figuren auf Taf. 2 zeigen, immer noch eine beträchtliche Variabilität beobachten, die aber nicht zur Aufstellung von erblichen Varietäten berechtigt. STOLICZKA meint S. 119, daß selbst die glatte oder mehr bis minder knotige Ausbildung der Spiralreifen nur von lokalen Verhältnissen abgehangen habe. Nach den Erfahrungen gerade mit Süßwassermollusken ist diese Auffassung nicht von der Hand zu weisen. Ob aber die Formen mit mehreren abweichenden Merkmalen, wie *G. suffarcinata*, *G. ventricosa* zur selben Art gehören, bleibe dahingestellt.

Verbreitung: Österreich (in fast allen Süßwasser- und stark ausgesüßten Brackwasserschichten der Gosauserie: Brandenberg, Sonnwendgebirge, Traunwand, Schwarzensee und Kohlenstollen bei St. Wolfgang, Gosaubecken, Edelbachgraben, Hieflau, Gams, St. Gallen, Miesenbachtal, Grünbach, Neue Welt, Einöd bei Baden); Deutschland (Lattengebirge); Jugoslawien (Kosjerić); Frankreich (Plan d'Aups, aber angeblich ohne merkbare Änderung im Cenoman von Fontfroide, im Turonien von Uchaux und La Mède); Rumänien (Borod, Mti Apuseni).

Glauconia (Glauconia) kuehni, nov. spec.
(Taf. 2, Fig. 9—14)

Holotypus: das auf Taf. 2, Fig. 13—14 abgebildete Exemplar. Ungarische Geologische Anstalt Budapest, Inv. Nr. K. 503.

Locus typicus: Sümeg-Hárskut, Ungarn.

Stratum typicum: Mollusken-Tonmergel (Unter-Campanien).

Nomen: nach Prof. Dr. Othmar Kuehn, dem bedeutenden Forscher und warmherzigen Förderer des wissenschaftlichen Nachwuchses.

Material: weitere 2 Exemplare, Inv. Nr. K. 522.

Diagnose: Leicht gewölbte Form, 5 Windungen, stark abgerundete Basis, Mündung schräg gerichtet, nur 1—2 sehr dünne Spiralreifen, gelegentlich mit schwacher Knotenbildung.

Höhe 40,3 mm, Breite 25,8 mm, Höhe der letzten Windung 20 mm. Die fünf Windungen sind nicht so stark abgesetzt, wie bei *G. coquandiana* und *G. kefersteini*. Obwohl die einzelnen Windungen fast gerade Flanken haben, ist die Gesamtform des Gehäuses erst gegen die Spitze zu verschmälert, also das Gegenteil von *G. kefersteini*. Die stark abgerundete Basis und die daher schräg gestellte Mündung unterscheiden die Form von allen anderen. Von *G. coquandiana* und *kefersteini* sind sie auch durch die geringere Zahl und die Feinheit der Spiralreifen unterschieden.

Glauconia (Glauconia) obvoluta (Schloth.)

1820 (*Turbinites obvolutus*) Schlotheim, S. 166.
1852 (*Omphalia kefersteini* z. T.) Zekeli, S. 27, Taf. 2, Fig. 3b.
1887 (*Glauconia obvoluta*) Frech, S. 181, Taf. 18, Fig. 1—2.

1933 (*Glauconia cf. obvoluta*) MACOVEI & ATHANASIU, S. 183.
1939 (*Glauconia obvoluta*) MERTIN, S. 203, 243.
1954 (*Glauconia obvoluta*) GIVULESCU, S. 210.

Material: Sümeg, Mollusken-Tonmergel (Hárskut), 2 Exemplare, Inv. Nr. K. 504.

Schlanke Form (Höhe 32,4 mm, Breite 19,2 mm). Der Nabel ist durch eine Falte fast ganz bedeckt. Die Ausbildung der Spiralreifen zeigt die Zugehörigkeit zu der nur bei FRECH abgebildeten Form. Deren Identität mit der *G. kefersteini* bei ZEKELI 1852, Taf. 2, Fig. 3b, ist allerdings nicht ganz sicher, denn diese trägt nur einen wohlausgebildeten Kiel, zum Unterschiede von *G. coquandiana* und *G. kefersteini*, und zwar von der ersten bis zur letzten Windung. Bei FRECH (der einzigen Abbildung von *G. obvoluta*) zeigt aber nur Taf. 18, Fig. 1 einen schwachen Kiel, Fig. 2 überhaupt keinen und Fig. 3 einen gekörnten Kiel und daneben noch einige zarte Spiralreifen. Nur die Lage des einen bzw. mittleren Kiels in der Mitte der Windung ist allen Formen, jener ZEKELIS und den 3 von FRECH gemeinsam. Unsere Stücke entsprechen der Form ZEKELIS.

Verbreitung: Gosauschichten (St. Wolfgang); Harz (Heidelbergschichten); Rumänien (Mti Apuseni).

Untergattung: Gymnentome COSSMANN

Glauconia (Gymnentome) renauxiana (D'ORBIGNY)
(Taf. 1, Fig. 31)

1842 (*Turritella renauxiana*) D'ORBIGNY, S. 41, Taf. 152, Fig. 1—2.
1852 (*Omphalia giebeli*) ZEKELI, S. 29, Taf. 3, Fig. 1a—c.
1852 (*Omphalia turgida*) ZEKELI, S. 29, Taf. 3, Fig. 2.
1852 (*Omphalia subgradata*) ZEKELI, S. 29, Taf. 3, Fig. 4.
1865 (*Omphalia renauxiana*) STOLICZKA, S. 121.
1907 (*Glauconia renauxi*) REPELIN, S. 32, Taf. 4, Fig. 2.
1907 (*Glauconia renauxi var. subgradata*) REPELIN, Taf. 4, Fig. 1.
1909 (*Glauconia douvillei*) COSSMANN, *8*, S. 196, Taf. 4, Fig. 1—2.
1911 (*Glauconia renauxi*) MAZERAN, S. 153, Taf. 1, Fig. 3, 7.
1920 (*Glauconia renauxiana*) ROMAN & MAZERAN, S. 51, Taf. 6, Fig. 4, 6.
1921 (*Glauconia renauxi*) HOJNOS, S. 12, 97.
1933 (*Glauconia renauxiana*) MACOVEI & ATHANASIU, S. 183.
1935 (*Glauconia renauxiana*) SPENGLER, S. 93.
1939 (*Glauconia renauxi*) MERTIN, S. 204, Taf. 5, Fig. 2.

1942 (*Glauconia renauxi*) Klinghardt, S. 208.
1944 (*Glauconia Gymnentome renauxiana*) Wenz, S. 695, Abb. 1998 (kop. D'Orbigny, Taf. 152, Fig. 1).
1947 (*Glauconia renauxi*) Duboul, S. 222, Taf. 4, Fig. 4.

Material: Sümeg, Mollusken-Tonmergel (Hárskut), 2 Exemplare, Inv. Nr. K. 505.

Höhe 90 mm, Breite 37 mm. Die obersten Windungen tragen 2 kantige Spiralreifen, wie sie z. B. Mertin abbildet. Bei D'Orbigny sind es dagegen 3 Reifen, wie es Stoliczka für die Gosauformen beschreibt, der auch *G. subgradata* und *turgida* mit *G. renauxiana* vereinigte, während sie Repelin als Unterarten auffaßte. Das stufenweise Verschwinden der Spiralreifen von den oberen zu den unteren Windungen hat Stoliczka schön beschrieben. Mein geringes Material gibt keine Gelegenheit zu einer Ergänzung; die beiden Exemplare entsprechen der Form *subgradata.* Duboul hält S. 223 die Untergattung *Gymnentome* für überflüssig; sie unterscheidet sich aber doch von der Untergattung *Glauconia* durch mehrere Merkmale: das Fehlen von Spiralreifen, die kleinere Endwindung, nur etwas über ein Drittel der Gesamthöhe gegenüber der Hälfte bei der typischen Untergattung, stärkere Wölbung der Basis, 2 Einbuchtungen am Außenrande der Mündung (nach Cossmann; bei D'Orbigny nicht zu sehen). Delpey 1940, S. 101 anerkennt die Untergattung als nützlich; ihre *G. renauxi var. minor* S. 106, Abb. 76, weicht aber von der Art beträchtlich durch engeres Gehäuse, andere Form der letzten Windung und der Mündung ab. Delpey gibt diese Form aus der Gosau an; ich habe sie von dort nie gesehen. Delpey gibt für *G. renauxi* als Vorkommen S. 101 „Crétacé inférieur" an, ein offensichtlicher Irrtum.

Verbreitung: Österreich (Brandenberg, Gosaubecken, Neue Welt); Deutschland (Lattengebirge, Harz); Frankreich (Plan d'Aups, La Cadière, Fontanien, Puits de Gardenne, Uchaux); Rumänien (Arad, Mti Apuseni).

Glauconia (Gymnentome) cf. ornata (Drescher)

1863 (*Omphalia ornata*) Drescher, S. 335, Taf. 9, Fig. 6—7.
1887 (*Glauconia ornata*) Frech, S. 184, Taf. 18, Fig. 3.
1921 (*Glauconia ornata*) Hojnos, S. 12, 97.
(*Glauconia ornata*) Andert, S. 367.
1939 (*Glauconia ornata*) Mertin, S. 205, Taf. 5, Fig. 3.

Material: Sümeg, Mollusken-Tonmergel (Hárskut), 1 Exemplar, Inv. Nr. K. 502.

Höhe 54,4 mm, Breite 32,7 mm. Schon STOLICZKA hat 1865, S. 118, hervorgehoben, daß man die Glauconien DRESCHERS kaum von *Gl. renauxiana* unterscheiden kann. MERTIN vertritt aber an Hand eines reichen Materials ihre artliche Selbständigkeit. Tatsächlich zeigt auch mein Exemplar die beiden flachen Spiralreifen, die in den späteren Windungen nicht verschwinden, sondern in eine größere Zahl sehr feiner Spiralreifen übergehen. Die Form ist auch schlanker und kleiner als *Gl. renauxiana*.

Verbreitung: Deutschland (Süderode am Harz); Rumänien (Arad).

Cimolithium inauguratum (STOL.) COSSMANN

1868 (*Cerithium inauguratum*) STOLICZKA, S. 193, Taf. 15, Fig. 15, 19—20.
1902 (*Cerithium inauguratum*) QUAAS, S. 262, Taf. 26, Fig. 27.
1906 (*Cimolithium inauguratum*) COSSMANN, 7, S. 58.
1907 (*Campanile spec.*) LEMOINE, S. 480.
1916 (*Cerithium [Cimolithium] anachoreta*) GRECO, S. 123, Taf. 15, Fig. 12.
1921 (*Cerithium inauguratum*) HOJNOS, S. 12, 27.
1922 (*Cerithium inauguratum*) COTTREAU, S. 61, Taf. 8, Fig. 3—5 (3 Steinkerne).
1935 (*Campanile inauguratum*) GUAITANI, S. 4, 9.
1937 (*Campanile inauguratum*) CHECCHIA-RISPOLI, S. 77, Taf. 5.
1954 (*Campanile inauguratum*) BRICCHI, Taf. 10, Fig. 9a—b.

Material: Sümeg, Inoceramenkalk und -mergel (Haraszt, städt. Steinbruch, Gombás-Steinbruch), 2 Exemplare, Inv. Nr. K. 508.

Höhe 78,6 mm, größter Durchmesser 28,8 mm, hochgetürmt, mit 10—12 konkaven Windungen. In der Konkavität zwei schwache Knotenreihen, eine untere, die unmittelbar am Rande sitzt; außerdem feine Spirallinien.

Die Art steht offensichtlich dem *Cerithium tectiforme* BINKHORST[1] nahe, das sich aber durch die deutlichen Querrippen und die Lage der unteren dünnen Knotenreihe unmittelbar an der stärkeren randlichen unterscheidet. DENINGER[2] beschrieb eine ähnliche Form aus der sächsischen Kreide, GUIAITANI beschrieb die Art aus dem Cenomanien und Maastrichtien von Libyen und bemerkte, daß die zwei Knotenreihen in Stärke und Lage variieren,

[1] BINKHORST 1861, S. 24, Taf. 1, Fig. 3a—c.
[2] DENINGER 1918, Taf. 2, Fig. 1.

BRICCHIS Form weicht von unserer ab, indem die untere Knotenreihe viel stärker ist. COTTREAU'S Form ist kleiner, zeigt aber die gleiche Ausbildung der Knotenreihe wie unsere.

Verbreitung: Rumänien (Arad); Libyen (Cenoman); Limburg; Libyen; Madagaskar; Persien; Beludschistan; Indien (Ober-Senonien bei Maastrichtien).

Familie: Potamididae
Gattung: Pirenella GRAY 1847

Pirenella münsteri (KEF.) STOL.
(Taf. 1, Fig. 22—23)

1829 (*Cerithium munsteri*) KEFERSTEIN, S. 99.
1842 (*Cerithium münsteri*) GOLDFUSS, S. 36, Taf. 174, Fig. 14.
1852 (*Cerithium münsteri*) ZEKELI, S. 105, Taf. 21, Fig. 1—3.
1853 (*Cerithium münsteri*) REUSS, S. 919.
1854 (*Cerithium münsteri*) REUSS, S. 15, 17, 27, 60.
1863 (*Cerithium münsteri*) GOLDFUSS, S. 35, Taf. 174, Fig. 14.
1865 (*Cerithium Pirenella münsteri*) STOLICZKA, S. 204 (incl. *C. breve, frequens, interjectum, rotundatum, solidum*).
1887 (*Cerithium münsteri*) FRECH, S. 192, Taf. 16, Fig. 16—17.
1896 (*Pirenella münsteri*) COSSMANN, S. 12, Taf. 2, Fig. 7.
1906 (*Pirenella münsteri*) COSSMANN, 7, S. 115.
1908 (*Pirenella münsteri*) FELIX, S. 259, 285.
1933 (*Cerithium münsteri*) MACOVEI & ATHANASIU, S. 182.
1939 (*Cerithium münsteri*) MERTIN, S. 209, Taf. 6, Fig. 7.
1942 (*Cerithium münsteri*) KLINGHARDT, S. 208.
1954 (*Cerithium münsteri*) GIVULESCU, S. 210.
non P. münsteri HOLZAPFEL teste COSSMANN 1896, S. 117.

Material: Sümeg, Mollusken-Tonmergel (Hárskut), 57 Exemplare, Inv.Nr. K. 509.

Höhe 12,8 mm, größter Durchmesser 5,1 mm. Kleine Form mit 8 Windungen. Diese schwach gewölbt, mit 4 grob geknoteten Spiralreifen; die Knoten stehen untereinander, erwecken dadurch den Eindruck von Rippen, aus denen sie sicher entstanden sind. Die Zahl dieser Rippen steigt von oben nach unten. REUSS hat die beste Beschreibung dieser Art, die eine beträchtliche Variationsbreite aufweist, gegeben. Ob die vollständige Vereinigung mit 5—6 anderen Formen ZEKELIS, wie sie STOLICZKA vorschlägt, richtig ist, können nur eingehendere Untersuchungen an nach Fundorten gesichertem Material erweisen.

Verbreitung: Österreich (Gosaubecken, Tiefengraben, Hofergraben, Traunwand, Abtenau, Wolfgangsee, Neue Welt, namentlich massenhaft in den Kohlenzwischen- und -deckschichten, zusammen mit *O. hoeninghausi*); Deutschland (Harzvorland); Frankreich (Le Beausset, Val d'Aren); Rumänien (Borod, Mti Apuseni).

Pirenella hoeninghausi (KEF.) STOL.

1828 (*Cerithium hoeninghausi*) KEFERSTEIN, V, *8*, S. 529.
1842 (*Cerithium hoeninghausi*) GOLDFUSS, S. 36, Taf. 174, Fig. 12.
1852 (*Cerithium hoeninghausi*) ZEKELI, S. 96, Taf. 18, Fig. 1—2.
1853 (*Cerithium hoeninghausi*) REUSS, S. 917.
1863 (*Cerithium hoeninghausi*) GOLDFUSS, S. 34, Taf. 174, Fig. 12.
1865 (*Cerithium Pirenella hoeninghausi*) STOLICZKA, S. 199.
1896 (*Pirenella hoeninghausi*) COSSMANN, S. 12, Taf. 2.
1921 (*Cerithium höninghausi*) HOJNOS, S. 12, 97.
1933 (*Cerithium hoeninghausi*) MACOVEI & ATHANASIU, S. 182.
1954 (*Cerithium hoeninghausi*) GIVULESCU, S. 210.

Material: Sümeg, Mollusken-Tonmergel (Hárskut), 23 Exemplare, Inv. Nr. K 5.

Höhe 9,5 mm, größter Durchmesser 0,41 mm. Der ausgezeichneten Beschreibung von STOLICZKA ist nichts hinzuzufügen. Dagegen bezeichnet er die Abbildungen von GOLDFUSS und ZEKELI als unklar. Die Unterschiede gegenüber *P. sanctae-balmae* REPELIN sind sehr gering.

Verbreitung: Österreich (Traunwand, Abtenau, Neue Welt, bes. Piesting, Lanzing und Dreistätten; überall sicheres Unter-Campanien); Rumänien (Arad, Borod, Mti Apuseni).

Pirenella nerei (MUENSTER)

1844 (*Cerithium nerei*) MUENSTER in GOLDFUSS, S. 34, Taf. 174, Fig. 3.
1863 (*Cerithium nerei*) MUENSTER in GOLDFUSS, S. 32, Taf. 174, Fig. 3.

Material: Sümeg, Mollusken-Tonmergel (Hárskut), 10 Exemplare, Inv. Nr. K. 511.

Hochgetürmte Form, die Spira besteht aus 7—8 Windungen, 4 knotige Spiralreifen, deren Knoten durch Querrippen hervorgerufen werden. Die Rippen nehmen nach unten zu. Neben der Naht noch 1—2 dünne Spiralstreifen mit feiner Punktierung. Also der MUENSTERschen Art durchaus gleichend. Die Unterschiede gegenüber *P. stoliczkai* REP. bestehen nur in der Zahl der Rippen.

Verbreitung: Deutschland (Haldem).

Familie: Cerithiaceae FLEMING 1828
Gattung: Tympanotonos SCHUMACHER 1817
Untergattung: Exechocirsus COSSMANN 1906

Tympanotonos (Exechocirsus) reticosus (SOW.)
(Taf. 1, Fig. 26)

1836 (*Cerithium reticosum*) SOWERBY, S. 418, Taf. 39, Fig. 17.
1854 (*Cerithium reticosum*) REUSS, S. 8, 17, 27.
1865 (*Cerithium reticosum*) STOLICZKA, S. 200 (incl. *C. pustulosum*, *C. crenatum* GOLDFUSS, *distinctum*, *cribriforme*, *cognatum*, *annulatum*, *lucidum*, *daedaleum*).
1906 (*Exechocirsus reticosus*) COSSMANN, 7, S. 121.
1908 (*Cerithium reticosus*) FELIX, S. 259, 271, 285, 292, 297, 301, 308.
1942 (*Cerithium reticosus*) KLINGHARDT, S. 209.
1942 (*Tympanotonus reticosus*) STCHEPINSKY, S. 60, Taf. 7, Fig. 9—11.
1946 (*Tympanotonus reticosus*) STCHEPINSKY, S. 123, Taf. 14, Fig. 12—13.

Material: Sümeg, Mollusken-Tonmergel (Hárskut), 1 Exemplar, Inv. Nr. K. 512.

Höhe 12 mm. Langgestreckt-kegelförmig, pro Windung 4 Knotenreihen, von denen die oberste die schwächste und die untere die stärkste ist. Dazwischen dünne Spiralstreifen mit feiner Punktierung. STOLICZKA hat diese Art mit *C. pustulosum* SOWERBY und 7 Arten von ZEKELI vereinigt. Dafür gilt dasselbe wie für *Pirenella münsteri*.

Verbreitung: Österreich (Traunwand, Edelbachgraben, Hofergraben, Schattau, Nefgraben).

Exechocirsus cf. macrostoma (GEINITZ)

1875 (*Cerithium macrostoma*) GEINITZ, S. 274, Taf. 60, Fig. 18.
1918 (*Cerithium macrostoma*) DENINGER, S. 15, Taf. 2, Fig. 8, Taf. 4, Fig. 7 (incl. *C. solidum*, *C. subvagans*).

Material: Sümeg, Mollusken-Tonmergel (Hárskut), 3 Exemplare, Inv. Nr. K. 513.

Niedrig-kegelförmig, Windungen hoch und giebelig, mit je 16 Reifen, die durch glatte Rippen zu kleinen Knoten geschnitten werden; auf der Naht eine dünne punktierte Linie. Mündung oben breit, unten in einen Siphonalkanal verengt; außen und innen 2 Zähnchen.

Unsere Art des Bakony stimmt weitgehend mit den Abbildungen von GEINITZ und DENINGER überein, denen auch noch GEINITZ' Arten *C. solidum* und *subvagans* anzuschließen sind, zwischen denen nur geringe Abweichungen bestehen.

Verbreitung: Deutschland (Elbtalgebirge, Senon).

Exechocirsus aff. inferiore (SCHNARRB.)
(Taf. 1, Fig. 27—28)

1901 (*Cerithium inferiore*) SCHNARRENBERGER, S. 211, Taf. 3, Fig. 8.
1909 (*Cerithium inferiore*) PARONA, S. 225.

Material: Sümeg, Mollusken-Tonmergel (Hárskut), 3 Exemplare, Inv. Nr. K. 514.

Höhe 30 mm, größter Durchmesser 14 mm. SCHNARRENBERGERS Art stimmt weitgehend überein. Die Bakonyer Form weicht nur in Größe und den schwächeren Rippen, die nur bei der Nahtlinie stärker werden, ab.

Verbreitung: Italien (Mti d'Ocre, Cenoman nach PARONA).

Familie: Nerineidae ZITTEL 1873
Gattung: Aptyxiella FISCHER 1885

Aptyxiella (Acroptyxis) flexuosa (SOW.) TIEDT

1831 (*Nerinea flexuosa*) SOWERBY, S. 418, Taf. 38, Fig. 16.
1854 (*Nerinella flexuosa*) REUSS, S. 8, 27.
1863 (*Nerinea flexuosa*) GOLDFUSS, S. 45, Taf. 177, Fig. 7.
1908 (*Nerinea flexuosa*) FELIX, S. 260, 271, 284.
1925 (*Nerinella flexuosa*) DIETRICH, Fossilium Catalogus, *31*, S. 142. (Ibid. Lit.). Außerdem:
1935 (*Nerinea flexuosa*) SPENGLER, S. 200.
1958 (*Aptyxiella Acroptyxis flexuosa*) TIEDT, S. 504, Abb. 11.

Arttypus: siehe TIEDT 1958, S. 504.

Material: Sümeg, Gryphaeen-Mergel und Mollusken-Tonmergel (Hárskut, Bohrungen Sp. 1 in 175 m Tiefe), 15 Exemplare, Inv. Nr. K. 506.

Höhe 24,2 mm, größter Durchmesser 6,4 mm. Sie entsprechen ganz der Beschreibung von Tiedt, auch die bezeichnenden 3 Körnerreihen sind gut zu sehen. Nur sind unsere Stücke etwas größer als jene der Gosauschichten.

Verbreitung: Österreich (Brandenberg, Sonnwendjoch, Gosautal, Stöcklwaldgraben, Wegscheidgraben, Hofergraben, Edelbachgraben, Neue Welt, Einöd bei Wien); Campanien.

Aptyxiella (Acroptyxis) gracilis (Zek.) Tiedt

1852 (*Nerinea gracilis*) Zekeli, S. 39, Taf. 5, Fig. 7a—b.
1925 (*Nerinella gracilis*) Dietrich, Fossilium Catalogus, *31*, S. 142 (Ibid. Lit.). Außerdem:
1935 (*Nerinea gracilis*) Spengler, S. 200.
1958 (*Aptyxiella Acroptyxis gracilis*) Tiedt, S. 501, Abb. 9, Taf. 2, Fig. 4.

Arttypus: siehe Tiedt 1959, S. 501.

Material: Sümeg, Mollusken-Tonmergel (Hárskut), 10 Exemplare, Inv. Nr. K. 507.

Höhe 24,2 mm, größter Durchmesser 5,2 mm. Auch diese Formen gleichen vollkommen der Beschreibung und Abbildung von Tiedt, auch die kaum sichtbaren Körnerreihen, Columellar-Parietal- und Palatalfalte stimmen genau überein. Auch diese Art ist in unserem Material etwas größer als in den alpinen Gosauschichten.

Verbreitung: Österreich (Brandenberg, Sonnwendjoch, Traunwand, Klausgraben, St. Wolfgang, Einöd; soweit bestimmbar Unter-Campanien).

Familie: Aporrhaidae H. & A. Adams 1858
Gattung: Helicaulax Gabb 1868

Helicaulax cf. costata (Sow.)

1832 (*Rostellaria costata*) Sowerby, S. 419, Taf. 38, Fig. 21.
1832 (*Rostellaria laevigata*) Sowerby, S. 419, Taf. 38, Fig. 24.
1844 (*Rostellaria costata*) Goldfuss, S. 18, Taf. 170, Fig. 9.
1850 (*Rostellaria subcostata*) d'Orbigny, S. 227.
1850 (*Rostellaria laeviuscula*) d'Orbigny, S. 227.
1852 (*Rostellaria costata*) Zekeli, S. 65, Taf. 12, Fig. 1.
1852 (*Rostellaria laevigata*) Zekeli, S. 66, Taf. 12, Fig. 2.

1853 (*Rostellaria costata et laevigata*) Reuss, S. 905, 912, 913 (incl. *Fusus tritonicum*, *ranella* und *sinuatus*).
1854 (*Rostellaria costata*) Reuss, S. 15, 20, 21, 24, 48, 60.
1863 (*Rostellaria costata*) Goldfuss, S. 17, Taf. 169, Fig. 9.
1865 (*Alaria costata*) Stoliczka, S. 169 (incl. *R. laevigata*, *Fusus tritonium*, *ranella*, *murchisoni* Zek.).
1908 (*Alaria costata*) Felix, S. 259, 262, 277, 279, 283, 285, 292, 301, 308.
1935 (*Alaria costata*) Spengler, S. 92.
non Helicaulax costata Gabb (Cossmann 1902, S. 65).

Material: Sümeg, Mollusken-Tonmergel(Hárskut), 7 Exemplare, Inv. Nr. K. 515.

Der Umfang dieser Art ist nicht ganz klar. Unsere Stücke stimmen in Form und Skulptur mit *Helicaulax costata* am nächsten, in der Größe aber eher mit *H. laevigata* überein; sie sind auch etwas schmäler als beide.

Verbreitung: Österreich (Geisl am Sonnwendjoch, Gosaubecken im Tiefengraben, Nefgraben, Finstergraben, Edelbachgraben unter Horneck, Stöckelwald, St. Wolfgang, Neue Welt).

Helicaulax granulata (Sow.) Cossm.

1832 (*Rostellaria granulata*) Sowerby, S. 419, Taf. 38, Fig. 23.
1852 (*Rostellaria granulata*) Zekeli, S. 66, Taf. 12, Fig. 3.
1852 (*Rostellaria gibbosa*) Zekeli, S. 68, Taf. 12, Fig. 7—8.
1852 (*Rostellaria calcarata*) Zekeli, S. 67, Taf. 12, Fig. 4.
1853 (*Rostellaria granulata et gibbosa*) Reuss, S. 905.
1865 (*Alaria granulata*) Stoliczka, S. 170 (incl. *R. gibbosa* und *R. calcarata*).
1887 (*Helicaulax granulata*) Frech, S. 193, Taf. 19, Fig. 10, 12—14.
1902 (*Helicaulax granulata*) Cossmann, *6*, S. 65.
1903 (*Alaria granulata*) Waehner, S. 353.
1934 (*Helicaulax granulata*) Andert, S. 375.
1935 (*Alaria granulata*) Spengler, S. 200.
1954 (*Aporrhais granulata*) Givulescu, S. 210.

Material: Sümeg, Mollusken-Tonmergel (Hárskut), 2 Exemplare, Inv. Nr. K. 601.

Höhe 27,5 mm, größter Durchmesser 11,9 mm. Der guten Beschreibung von Stoliczka ist nichts hinzuzufügen. *Rostellaria granulata* Holzapfel aus dem Senon von Aachen ist nach Cossmann 1902, *6*, S. 65 mit der Gosauart nicht identisch.

Verbreitung: Österreich (Geisl am Sonnwendjoch, verschiedene Gräben im Gosautale); Rumänien (Borod).

Helicaulax cf. subtilis (ZEKELI)

?1838 (*Nassa carinata*) SOWERBY, S. 419, Taf. 39, Fig. 28.
1852 (*Pterocera angulata*) ZEKELI, Taf. 15, Fig. 6.
1852 (*Pterocera decussata*) ZEKELI, S. 72.
1852 (*Pterocera subtilis*) ZEKELI, S. 72, Taf. 13, Fig. 7.
1853 (*Pterocera subtilis*) REUSS, S. 907, Taf. 1, Fig. 2a—b (incl. *P. decussata* et *angulata*).
1865 (*Pterocera subtilis*) STOLICZKA, S. 173 (incl. *P. angulata* et *decussata*), 197.
non Helicaulax angulata GABB.

Material: Sümeg, Mollusken-Tonmergel (Hárskut), 2 Exemplare, Inv. Nr. K. 516.

Höhe 16,3 mm, größter Durchmesser 9,6 mm. Ob diese Art mit dem Stück SOWERBYS identisch ist, daher den Namen *carinata* zu führen hat, kann nur an Hand des Originals entschieden werden; auch STOLICZKA schließt diese Möglichkeit nicht aus. Die beste Beschreibung und Abbildung ist jene von REUSS. Meine Stücke unterscheiden sich etwas, indem auf der letzten Windung vier Kiele auftreten.

Warum COSSMANN 1902 den Artnamen *angulata* wählte, ist unklar, da bereits REUSS 1853, S. 908, die Namen *angulata* und *decussata* verworfen hatte und daher nur der Name *subtilis* übrig blieb, ebenso STOLICZKA.

Verbreitung: Österreich (Gosaubecken, Finstergraben, Stöckelwaldgraben, Edelbachgraben, Nefgraben).

Familie: Naticidae FORBES 1838
Gattung: Ampullina LAMARCK 1821
Untergattung: Pseudamaura FISCHER 1885

Ampullina (Pseudamaura) bulbiformis bulbiformis (SOW.) MITZ.
(Taf. 1, Fig. 17—18)

1831 (*Natica bulbiformis*) SOWERBY, S. 418, Taf. 38, Fig. 13.
1842 (*Natica subbulbiformis*) D'ORBIGNY, S. 162, Taf. 174, Fig. 3.
1844 (*Natica bulbiformis*) MUENSTER in GOLDFUSS, S. 120, Taf. 199, Fig. 16—17.
1850 (*Natica subbulbiformis*) D'ORBIGNY, S. 191.
1852 (*Natica bulbiformis*) ZEKELI, S. 46, Taf. 8, Fig. 2—4.
1852 (*Natica bulbiformis*) PETERS, S. 7, 12, 19.
1853 (*Natica bulbiformis*) REUSS, S. 896.

1854 (*Natica bulbiformis*) Reuss, S. 11, 15, 16, 20, 24, 27, 48, 50, 61, 62.
1862 (*Natica gervaisi*) Coquand, S. 180, Taf. 4, Fig. 1.
1863 (*Natica bulbiformis*) Muenster in Goldfuss, S. 112, Taf. 199, Fig. 16—17.
1865 (*Ampullina bulbiformis*) Stoliczka, S. 146.
1868 (*Ampullina bulbiformis*) Stoliczka, S. 300, Taf. 21, Fig. 11—15.
1868 (*Ampullina bulbiformis*) Thomas & Peron, S. 54, Taf. 19, Fig. 22.
1887 (*Natica bulbiformis*) Frech, S. 188.
1889 (*Ampullina bulbiformis*) Peron, S. 54, Taf. 19, Fig. 22.
1893 (*Amauropsis bulbiformis*) Stanton, S. 137, Taf. 30, Fig. 2—4.
1902 (*Natica bulbiformis*) Choffat, S. 324, Taf. 4, Fig. 23.
1903 (*Ampullina bulbiformis*) Pervinquière, S. 111—113.
1903 (*Natica [Amauropsis] bulbiformis*) Waehner, S. 353.
1906 (*Amauropsis subbulbiformis*) Repelin, S. 39, Taf. 5, Fig. 9.
1908 (*Natica bulbiformis*) Felix, S. 262, 267, 271, 279, 284, 287, 292, 301.
1910 (*Natica bulbiformis*) Weinzettl, S. 25, Taf. 4, Fig. 8—9.
1910 (*Ampullina bulbiformis*) Brüggen, S. 739.
1912 (*Natica bulbiformis*) Pervinquière, S. 47.
1920 (*Amauropsis bulbiformis*) Roman & Mazeran, S. 42, Taf. 5, Fig. 11—12.
1921 (*Ampullina bulbiformis*) Hojnos, S. 13, 98.
1922 (*Pseudamaura bulbiformis*) Cottreau, S. 56, Taf. 7, Fig. 3.
1924 (*Natica bulbiformis*) Albrecht, S. 302.
1933 (*Natica bulbiformis*) Macovei & Athanasiu, S. 184.
1934 (*Amauropsis bulbiformis*) Collignon, S. 36, Taf. 5, Fig. 16 bis 18.
1935 (*Natica [Amauropsis] bulbiformis*) Spengler, S. 92, 200.
1944 (*Ampullina [Pseudamaura] bulbiformis*) Wenz, S. 1021, Abb. 2927 (kop. Zekeli, Taf. 8, Fig. 2).
1947 (*Amauropsis bulbiformis*) Duboul, S. 225, Taf. 4, Fig. 7.
1952 (*Natica bulbiformis*) Petkovic, S. 18.
1952 (*Natica bulbiformis*) Pasić, S. 183, Taf. 2, Fig. 5—5a.
1952 (*Natica bulbiformis*) Cirić, S. 258.
1954 (*Ampullina bulbiformis*) Givulescu, S. 210.
1959 (*Ampullina [Pseudamaura] bulbiformis bulbiformis*) Mitzopoulos, S. 87.

Material: Sümeg, Mollusken-Tonmergel (Hárskut), 20 Exemplare, Inv. Nr. K. 479—481.

Höhe 27,7 mm, Breite 18,7 mm. Diese viel beschriebene und oft abgebildete Art ist in erwachsener, gut erhaltener Form nicht zu verkennen; Differenzen der Auffassungen beziehen sich nur auf verdrückte oder juvenile Formen. Namentlich *Natica immersa*, die MUENSTER aus den Gosauschichten beschrieb, wird seit ZEKELI immer auf verdrückte Exemplare von *N. bulbiformis* zurückgeführt — mit Unrecht, wie mir Prof. KÜHN mitteilte.

COSSMANN setzte die Art 1924, S. 54, in die Gattung Ampullospira (Untergattung Ampullospira); diese fällt aber nach WENZ 1944, S. 1021, in die Untergattung Pseudamaura.

Verbreitung: Österreich (Geisl am Sonnwendjoch, Hofergraben, Nefgraben, Tiefengraben, Schattau unter Horneck, Brunnloch, Schwarzensee und Stollen bei St. Wolfgang, Plahberg, St. Gallen, Weißwasser, Gams, Hieflau, Waaggraben, Grünbach, Neue Welt, Einöd bei Baden); Jugoslawien; Griechenland; Frankreich (Plan d'Aups, Uchaux); Rumänien (Arad, Mti Apuseni); Portugal; Madagaskar; Tunis.

Gattung: Bulbus BROWN 1839
Untergattung: Amauropsis MARCH 1857

Bulbus (Amauropsis) baconica nov. spec.
(Taf. 1, Fig. 24—25)

Holotypus: das auf Taf. 1, Fig. 24—25 von beiden Seiten dargestellte Exemplar. Geologische Anstalt Budapest, Inv. Nr. K. 483a.

Locus typicus: Sümeg-Hárskut.

Stratum typicum: Mollusken-Tonmergel, Unter-Campanien.

Material: Sümeg, Mollusken-Tonmergel (Hárskut) über 100 Exemplare, Inv. Nr. K. 483a—z.

Diagnose: Kleine, fast kugelige Form, Spira und unteres Ende der Mündung zugespitzt. Auf den Windungen nur die Nahtgruben sichtbar, von denen kurze Falten ausstrahlen, keine Skulptur. Nabel fast ganz bedeckt.

Höhe 12,4 mm, Breite 12,6 mm, Höhe der letzten Windung zwei Drittel der Gesamthöhe. Auf der Schale sind nur die Zuwachslinien sichtbar.

Es gibt eine Menge solcher kleiner, fast kugeliger Naticidenarten in der Oberkreide, die ZEKELI ungenügend beschrieben und abgebildet hat, die aber weder REUSS noch STOLICZKA revidiert haben. Sie scheinen alle durch niedrige Spira, unten abgerundete Mündung, z. T. auch durch Skulpturen von der vorliegenden verschieden zu sein. Lediglich *N. acuminata* REUSS (vgl. STOLICZKA, S. 147, Taf. 1, Fig. 2—3) hat eine gewisse Ähnlichkeit, sie unterscheidet sich aber durch wesentlich höhere Spira (fast die Hälfte der Gesamthöhe), birnförmige Öffnung und vollständig überdeckten Nabel; gemeinsam sind kugelige Grundform, Kleinheit, die von der Naht ausgehenden Falten, Fehlen der Skulptur bis auf die Zuwachslinien. Ähnlich ist auch *N. transsylvanica* PÁLFY aus Alwincz (Siebenbürgen, Rumänien), doch treten bei dieser die von der Naht ausgehenden Falten auf der ganzen letzten Windung auf.

Familie: Buccinidae LATREILLE 1825
Gattung: Cantharulus MEEK 1876

Cantharulus gosauicus (ZEKELI)
Taf. 1, Fig. 29—30)

1852 (*Tritonium gosauicum*) ZEKELI, S. 82, Taf. 15, Fig. 1.
1853 (*Tritonium gosauicum*) REUSS, S. 911.
1854 (*Tritonium gosauicum*) REUSS, S. 8, 27.
1865 (*Tritonium gosauicum*) STOLICZKA, S. 183, Taf. 1, Fig. 4.
1906 (*Tritonium gosauicum*) REPELIN, S. 22, Taf. 2, Fig. 18.
1907 (*Cantharulus gosauicus*) COSSMANN, S. 173.
1908 (*Tritonium gosauicum*) FELIX, S. 260.
1947 (*Eutritonium gosauicum*) DUBOUL, S. 232, Taf. 4, Fig. 20.

Material: Sümeg, Mollusken-Tonmergel (Hárskut), 11 Exemplare, Inv. Nr. K. 520.

Höhe 30,4 mm, Breite 18 mm. Schon REUSS hob hervor, daß die Abbildung dieser Art bei ZEKELI richtig sei. Die beste Beschreibung gab STOLICZKA nach dem Original von ZEKELI.

Verbreitung: Österreich (Gosaubecken genannt Edelbachgraben, Hofergraben); Frankreich (Plan d'Aups).

Familie: Vasidae Meek 1876
Gattung: Piestochilus Meek 1864
Untergattung: Cryptorhytis MEEK 1876

Cryptorhytis cf. reussi (ZEKELI)

1852 (*Fusus reussi*) ZEKELI, S. 86, Taf. 15, Fig. 11.
1852 (*Fusus subabbreviatus*) ZEKELI, S. 88, Taf. 16, Fig. 1 (nach STOLICZKA, S. 185, nur verdrückte Exemplare von *C. reussi*).
1853 (*Fusus reussi*) REUSS, S. 913.
1854 (*Fusus reussi*) REUSS, S. 15.
1865 (*Fusus reussi*) STOLICZKA, S. 184.
1908 (*Fusus reussi*) FELIX, S. 260, 277.

Material: Sümeg, Mollusken-Tonmergel (Hárskut), 1 Exemplar, Inv. Nr. K. 518.

Höhe 13,8 mm, Breite 12,2 mm. Nur Bruchstücke der Spira und der letzten Windung; letztere zeigt 8 Spiralreifen und 7—8 Querrippen. Einige Steinkerne sind noch weniger sicher zu der Art zu rechnen.

Verbreitung: Österreich (Tiefengraben).

Cryptorhytis baccata (ZEKELI) COSSM.
(Taf. 1, Fig. 32—33).

1852 (*Fusus baccatus*) ZEKELI, S. 87, Taf. 15, Fig. 13.
1853 (*Fusus baccatus*) REUSS, S. 913.
1854 (*Fusus baccatus*) REUSS, S. 6, 20.
1865 (*Fasciolaria baccata*) STOLICZKA, S. 188.
1901 (*Cryptorhytis baccata*) COSSMANN, S. 57.
1908 (*Fasciolaria baccata*) FELIX, S. 287.
1933 (*Fasciolaria baccata*) MACOVEI & ATHANASIU, S. 183.

Material: Sümeg, Mollusken-Tonmergel (Hárskut), 11 Exemplare, Inv. Nr. K. 519.

Höhe 11,6 mm, Breite 5,8 mm. Diese Art ist von *C. reussi* nur durch schmale Form und geringere Zahl der Rippen unterschieden. STOLICZKA gab die erste gute Beschreibung und betonte, daß die Abbildung von ZEKELI nach einem unvollständigen Exemplar erfolgt ist.

Verbreitung: Österreich (Edelbachgraben, Schattau unter Horneck); Rumänien (Mti Apuseni).

Familie: Volutidae
Gattung: Volutoderma GABB 1877
Untergattung: Rostellaca DALL 1907

Volutoderma (Rostellaca) crenata (ZEKELI) COSSM.

1852 (*Voluta crenata*) ZEKELI, S. 78, Taf. 14, Fig. 4.
1853 (*Fusus crenatus*) REUSS, S. 909.
1854 (*Voluta crenata*) REUSS, S. 8.
1865 (*Neptunea crenata*) STOLICZKA, S. 173, 181.
1907 (*Rostellaca crenata*) COSSMANN, S. 207.
1908 (*Neptunea crenata*) FELIX, S. 260.

Material: Sümeg, Mollusken-Tonmergel (Hárskut), 14 Exemplare, Inv. Nr. K. 517.

Höhe 9 mm, Breite 6,4 mm. Die Exemplare stimmen gut mit jenen ZEKELIS überein; einige werden aber größer als seine größten, und auf den letzten Windungen treten die Rippen stärker hervor. Ich führe dies auf das Älterwerden einzelner Stücke zurück. Die beste Beschreibung gab STOLICZKA, der auch betonte, daß ZEKELIS Abbildung in diesem Falle richtig sei.

Verbreitung: Österreich (Edelbachgraben des Gosaubeckens).

Familie: Ringiculidae MEEK 1863
Gattung: Eriptycha MEEK 1876

Eriptycha decurtata (SOW.) ZEK.

1831 (*Auricula decurtata*) SOWERBY, S. 418, Taf. 38, Fig. 10.
1852 (*Avellana decurtata*) ZEKELI, S. 45, Taf. 8, Fig. 1—3.
1852 (*Avellana decurtata*) PETERS, S. 12, 19.
1853 (*Cinulia decurtata*) REUSS, S. 895.
1854 (*Avellana decurtata*) REUSS, S. 8, 27.
1865 (*Cinulia decurtata*) STOLICZKA, S. 146.
1895 (*Eriptycha decurtata*) COSSMANN, S. 123, Taf. 6, Fig. 1.
1908 (*Cinulia decurtata*) FELIX, S. 259.
1959 (*Eriptycha decurtata*) ZILCH, S. 23, Abb. 64 (kop. COSSMANN 1895, Taf. 6, Fig. 1, von Bains de Rennes verkleinert und umgekehrt).

Holotypus (durch Monotypie): das von SOWERBY, Taf. 38, Fig. 10, abgebildete Exemplar. British Museum Nat. Hist. London.

Locus typicus: Edelbachgraben im Gosaubecken.

Stratum typicum: Nicht weiter als auf Senon einzuengen.

Material: Sümeg, Mollusken-Tonmergel (Hárskut), 1 Exemplar, Inv. Nr. K. 521.

Höhe 8,4 mm, Breite 7,4 mm. Die letzte Windung nimmt fast zwei Drittel der Gesamthöhe ein und ist mit 20—25 gekörnten Spiralreifen besetzt. Die Columella besitzt 2 Falten, von denen eine größer und breiter ist.

Stoliczka betonte, daß Zekelis Abbildung gut ist und gab die erste gute Beschreibung.

Verbreitung: Österreich (Traunwand, Edelbachgraben, Hofergraben, Gams, Waaggraben).

III. Stratigraphische Folgerungen

Aus den Inoceramen-Kalken und -Mergeln wurde nur eine Gastropodenart, *Cimolithium inauguratum*, geborgen. Sie bestätigt das durch die Inoceramen angegebene Alter. Alle übrigen 36 Gastropoden stammen aus den Mollusken-Tonmergeln. Zwei davon, *Tectus aff. ataphroides* und *Exechocirsus aff. inferiore*, wären bisher nur aus dem (unsicheren) Cenoman der Monti d'Ocre bekannt. Sie sind aber nur affin. bestimmt und sind sicher neue Arten, die nur wegen schlechter Erhaltung nicht als solche beschrieben wurden. Von den übrigen 34 sind zwei überhaupt neu; 32 sind aus sicherem Senon bekannt, 31 davon nur aus diesem. Die meisten von ihnen sind in ganz bestimmten Gebieten häufiger, die in folgender Tabelle aufgeführt sind.

	Alpine Gosau-Schichten	Frankreich Plan d'Aups	Deutschland U.-Campan	Rumänien
Tanaliopsis spinigera	×			×
Michaletia semigranulata				
Michaletia cf. carnifera				
Tectus sougraignensis				
Angaria aculeata	×	×		
Neritopsis goldfußi	×			×
Otostoma zekeliana	×			
Haustator rigidus	×	×		×
Haustator disjunctus	×			
Haustator columnus	×			×
Haustator fittonianus	×			
Turritella difficilis repelini		×		
Glauconia coqu. kefersteini	×	×		×

	Alpine Gosau-Schichten	Frank-reich Plan d'Aups	Deutsch-land U.-Campan	Rumä-nien
Glauconia cf. ornata			×	×
Glauconia obvoluta				
Glauconia renauxiana	×		×	
Pirenella münsteri	×		×	×
Pirenella hoeninghausi	×			×
Pirenella nerei				
Exechocirsus reticosus	×			
Exechocirsus cf. macrostoma				
Aptyxiella flexuosa	×			
Aptyxiella gracilis	×			
Helicaulax cf. costata	×			
Helicaulax granulata	×			×
Helicaulax cf. subtilis	×			
Ampullina bulbiformis	×	×		×
Cantharulus gosauicus	×	×		
Cryptorhytis reussi	×			
Cryptorhytis baccata	×			×
Volutoderma coronata	×			×
Eriptycha decurtata	×			

24 Arten sind also mit den Gosauschichten Österreichs gemeinsam, 6 mit den gut bekannten Schichten des Plan d'Aups (Provence) in Frankreich, 3 mit den Süßwasserschichten des nördlichen Harzvorlandes, 2 mit den Kohlenschichten von Serbien und 11 mit den altersmäßig nicht genau bekannten Schichten Rumäniens.

Davon sind die Schichten des Plan d'Aups und die Süßwasserschichten am Harz eindeutig Unter-Campan. Die alpinen Gosauschichten sind Senon; es ist aber auffällig, daß die angeführten Gastropoden zum großen Teile in einem Horizont vorkommen, der über den Hippuritenbänken des Ober-Santon folgt und durch graue, wasserundurchlässige Mergel mit zahlreichen Mollusken gekennzeichnet ist und die einzigen Kohlenlager der Gosauschichten führt. Er beginnt in Tirol im Tale der Brandenberger Ache, zieht über das Gleisl am Sonnwendjoch, setzt bei St. Gilgen und St. Wolfgang am Abersee wieder ein, wo man die Überlagerung des Obersantons, auf dem der Ort St. Wolfgang steht, durch das Unter-Campan am Wege zum Schwarzensee gut sehen kann, setzt sich nach Süden ins Gosaubecken, wo es an der Traunwand, in der Schattau und gegenüber, unter dem Horneck aufgeschlossen ist, aber auch in fast allen Gräben von Rutschungen überdeckt ist und nordöstlich zum Traunsee (Eisenau—Karbach) fort, weiter in der Gams und im Waaggraben bei Hieflau und am

Plahberg und der Königsbaueralpe in der Laussa; bei Grünbach bildet es die einzigen abbauwürdigen Kohlenlager der Gosauschichten, tritt an mehreren Stellen der Neuen Welt auf und bildet einen scharf umrissenen Horizont in dem kleinen Vorkommen der Einöd bei Wien. Aus diesem Zug stammen die weitaus meisten der Gosaugastropoden, vor allem jene, die hier beschrieben wurden.

Die Übereinstimmung dieser Faunen spricht für ein gleiches Alter nicht nur der entsprechenden rumänischen Schichten, sondern auch der Mollusken-Tonmergel des südlichen Bakonygebietes.

IV. Ökologische Verhältnisse

Die beschriebenen Gastropoden zeigen zunächst das Bild einer ausgesprochenen Seichtwasserfauna von maximal 20 m Tiefe. Neben Brackwasserformen, wie den Glauconien und Potamididen, treten rein marine, aber nur solche der Gezeiten- oder obersten Littoralzone auf. Sie scheinen nicht streng getrennt zu sein. Nur in der Basisschicht über den Braunkohlen herrschen die Glauconien vor. Sie zeigen oft Bohrlöcher, wie sie Schremmer 1953 an *Actaeonella lamarcki* beschrieben und auf *Cliona vastifica* zurückgeführt hat. Glauconien werden in den alpinen Gosauschichten oft in unmittelbarer Begleitung der Kohle gefunden, seltener gemeinsam mit Actaeonellen; Glauconien gelten allgemein als Brackwasserformen, auch *Cliona vastifica* war nach Schremmer euryhalin, dieselben Bohrlöcher findet man auch in anderen Actaeonellen, aber selbst in den rein marinen Rudisten.

Über den Glauconienschichten folgt eine Zone mit vorwiegend Pirenellen, also ebenfalls gerne im Brackwasser lebenden Formen und erst darüber dominieren wieder auch Salzwasser liebende Arten, wie Haustator, Fusus usw. Den Abschluß bildet eine Sandsteinbank mit Aptyxiellen. Darüber folgen die Inoceramenschichten mit *Cimolithium*. Wo die Grenze zwischen Unter- und Obercampan oder zwischen Campan und Maastricht liegt, läßt sich mittels der Gastropoden nicht entscheiden.

V. Literatur

Albrecht, J.: Paläontologische und stratigraphische Ergebnisse der Forschungsreise nach Westserbien 1918. — Denkschr. Akad. Wiss., math.-nat. Kl., *99*, 289—307, 1 Taf. Wien 1924.

Andert, H.: Die Kreideablagerungen zwischen Elbe und Jeschken. III. Teil: Die Fauna der obersten Kreide in Sachsen, Böhmen und Schlesien. — Abh. Preuss. geol. Landesanst. N. F. *159*. 477 S., 19 Taf. Berlin 1934.

BINKHORST, J. T.: Monographie des Gastéropodes et des Céphalopodes de la craie supérieure du Limbourg. — 44 S., 17 Taf. Bruxelles—Maastricht 1861.

CHOFFAT, P.: Recueil d'études paléontologiques sur la faune crétacique du Portugal. — Comm. Serv. géol. Portugal. 171 S., 18 Taf. Lisbonne 1886—1902.

CIRIĆ, M. B.: Faune crétacée des environs de Titov Veles. — Bull. Mus. Hist. nat. pays Serbe (A), *5*, 249—276, Taf. 2—10. Beograd 1952.

COLLIGNON, M.: Fossiles du Turonien d'Antantiloky. — Ann. géol. Serv. Mines, *4*, 1—59, 6 Taf. Tananariva 1934.

COSSMANN, P.: Essais de Paléontologie comparée. Paris (*1*: 1895, *2*: 1896, *3*: 1899, *4*: 1901, *5*: 1903, *6*: 1904, *7*: 1906, *8*: 1909, *9*: 1912, *10*: 1915, *11*: 1918, *12*: 1921, *13*: 1924).

COTTREAU, J.: Fossiles crétacés de la côte orientale. — Ann. de Pal., *11*, 111—192, Taf. 9—19. Paris 1922.

DACQUÉ, E.: Wirbellose der Kreide. — Die Leitfossilien, *8*, 102 S., 52 Taf. Berlin (Borntraeger) 1942.

DELPEY, G.: Les Gastéropodes mesozoiques de la région libanaise. — Notes d. mém. Haut-Commissariat Syrie et Liban, *3*, 5—292, Taf. 1—11. Paris 1940.

DENINGER, K.: Die Gastropoden der sächsischen Kreideformation. — Beitr. Paläont. Geol. Österr.-Ung. *18*, 1—35, Taf. 1—4. Wien 1905.

DIETRICH, W. O.: Nerineidae. — Fossilium Catalogus, *31*, 164 S. Berlin 1925.

DRESCHER, R.: Über die Kreidebildungen der Gegend von Löwenberg. — Z. Deutsch. geol. Ges., *15*, 291—366, Taf. 8—9. Berlin 1863.

DUBOUL, C.: La fauna saumâtre du Campanien inférieur de la Basse-Provence occidentale. — Bull. Musée d'Hist. nat., *4*, 45—63, 115—163, 196—253, 4 Taf. Marseille 1947.

FABRE-TAXY, S.: Faunes lagunaires et continentales du Crétacé supérieur de Provence. II. Le Campanien fluvio-lacustre. — Ann. Paléont., *37*, 83—122, Taf. 1—2. Paris 1951.

FELIX, J.: Studien über die Schichten der oberen Kreideformation in den Alpen und den Mediterrangebieten. — Palaeontographica, *54*, 251—344, Taf. 25—26. Stuttgart 1908.

FRECH, F.: Die Versteinerungen der untersenonen Thonlager zwischen Suderode und Quedlinburg. — Z. Deutsch. geol. Ges., *39*, 141—202, Taf. 11—19. Berlin 1887.

GEINITZ, H. B.: Das Elbtalgebirge in Sachsen. — Palaeontographica, I. 319 S., 67 Taf., II. 245 S., 46 Taf. Cassel 1872—1875.

GIVULESCU, R.: Contribution à l'étude du crétacé supérieur du bassin de Borod (la région d'Oradea). — Studii stint. Acad. R. P. Romîne, filiale Cluj *5*, 173—218. Cluj 1954.

GOLDFUSS, A.: Petrefacta Germaniae, Bd. 3. 2. Aufl. 120 S., 33 Taf. Leipzig 1863.

GUAITANI, F.: Revisione della fauna neocretacica della Libia; Cerithidae, Volutidae. — Riv. Ital. Paleont., *52*, 1—18, Tav. 2. Milano 1946.

HOJNOS, R.: Oberkretazische Gasteropoden aus dem Komitate Arad. — Földtani Közlöny, *50*, 89—98, Taf. 1. Budapest 1921.

Keferstein, Ch.: Teutschland, geologisch-geognostisch dargestellt und mit Karten und Durchschnittszeichnungen erläutert. — Bd. 5, Heft 3, 425—592. Weimar 1828.

— Alphabetisches Verzeichnis der fossilen Conchylien- und Echiniden-Gattungen und Arten. — Zeitung f. Geognosie, Geologie und Naturgeschichte des Inneren der Erde, *9*, 3—98, Weimar 1829.

Klinghardt, F.: Das Krönner-Riff (Gosauschichten) des Lattengebirges. — Mitt. Geol. Ges., *35*, 179—213, Taf. 1—5. Wien 1942.

— Das geologische Alter der Riffe des Lattengebirges. — Z. Deutsch. Geol. Ges., *91*, 131—140, Taf. 2—3. Berlin 1939.

Kühn, O.: Zur Stratigraphie und Tektonik der Gosauschichten. — Sitzungsber. Österr. Akad. Wiss., math.-nat. Kl. I, *156*, 181—200. Wien 1947.

Macovei, G. & Athanasiu, I.: L'évolution géologique de la Roumanie, Crétacé. — Ann. Inst. geol. Romaniei, *16*, 1—218. Bukarest 1933.

Mazeran, P.: Sur un nouveau genre de Gastéropode du Crétacé supérieur. — Ann. Soc. Linn. Lyon, *59*, 163—172. Lyon 1912.

Mertin, H.: Über Brackwasserbildungen in der Oberkreide des nördlichen Harzvorlandes. — Nova Acta Leopoldina, N. F. *7*, 141—263, Taf. 14—22. Halle a. S. 1939.

Mitzopoulos, M.: Erster Nachweis von Gosauschichten in Griechenland. — Sitzungsber. Österr. Akad. Wiss., math.-nat. Kl. I, *163*, 79—93, Taf. 1—2. Wien 1959.

Oppenheim, P.: Über einige Brackwasser- und Binnenmollusken der Kreide und des Eozäns in Ungarn. — Z. Deutsch. geol. Ges., *44*, 697—819, Taf. 31—36. Berlin 1937.

D'Orbigny, A.: Paléontologie française. Terrains crétacés, *2*. Gastéropodes. 456 S., 88 Taf. Paris 1842.

— Prodrôme de Paléontologie. *2*. 428 S. Paris 1850.

Parona, C. F.: La fauna coralligena del Cretaceo dei Monti d'Ocre nell'Abruzzo Aquilano. — Mem. descr. carte geol. d'Italia, *6*, 1—242, Taf. 1—28. Roma 1909.

Pasić, M.: Geologische und faunistische Darstellung der Verhältnisse des Cerevicki, Polok und seiner Quellenarme (Fruska-Gora). — Trav. Inst. geol. Acad. Serbe sci., *23*, 269—192, Taf. 1—4. Beograd 1952.

— Sur la position stratigraphique de l'espèce Glauconia coquandi et ses variétés dans les couches du Crétacé supérieur chez nous. — Rev. trav. Institut géol. Iovan Zujović, *7*, 53—67. Beograd 1954.

Pervinquière, L.: Etudes de Paléontologie Tunisienne. II. Gastéropodes et Lamellibranches des terrains crétacés. — 338 S., 23 Taf. Paris 1912.

Peters, C.: Beitrag zur Kenntnis der Lagerungsverhältnisse der oberen Kreideschichten an einigen Localitäten der östlichen Alpen. — Abh. Geol. Reichsanst., *1*, Nr. 2. S. 1—20, Taf. 1. Wien 1852.

Petković, K.: Contribution à la connaissance de la craie supérieure sur la bordure du bassin de Skoplje. — Rec. Trav. Acad. Serbe sci. *23*, Inst. Geol. *4*, 17—19. Beograd 1952.

Petković, K. & Pasic, M.: Les caractères paléontologiques et stratigraphiques de Glauconia de la 5e couche du Charbon au Kukuljas. — Ann. géol. Péninsule Balkanique, *17*, 140—146, Taf. 1—2. Beograd 1949.

Petković, K. & Pejović, D.: Le développement biostratigraphique et la disposition paléogéographique des faciés du Crétacé supérieur sur le territoire de la Jugoslavie. — Bull. Acad. Serbe sci., cl. math.-nat., *21*.

Repelin, J.: Monographie de la faune saumâtre du Campanien inférieur du Sud-Est de la France. — Ann. Musée Hist. nat., *10*. 87 S., 12 Taf. Marseille 1906.

Reuss, A. E.: Kritische Bemerkungen über die von Herrn Zekeli beschriebenen Gasteropoden der Gosaugebilde der Ostalpen. — Sitzungsber. Akad. Wiss., math.-nat. Kl. I, *11*, 882—926, 1 Taf. Wien 1853.

— Beitrag zur Charakteristik der Kreideschichten in den Ostalpen, besonders im Gosauthale und am Wolfgangsee. — Denkschr. Akad. Wiss., math.-nat. Kl., *7*, 1—156, Taf. 1—31. Wien 1854.

Roman, F. & Mazeran, P.: Monographie paléontologique de la faune du Turonien d'Uchaux et de ses dépendances. — Arch. Mus. hist. nat., *12*, Nr. 2. 138 S., 11 Taf. Lyon 1920.

Sandberger, F.: Die Land- und Süßwasserconchylien der Vorwelt. — 1000 S., 36 Taf. (1870: 1—96; 1871: 97—160; 1872: 161—256; 1873: 257—352; 1874: 353—616; 1875: 617—1000). Wiesbaden 1870—1875.

Schauroth, C. F. v.: Verzeichnis der Versteinerungen im herzoglichen Naturaliencabinet zu Coburg. — 327 S., 30 Taf. Coburg 1865.

Schnarrenberger, C.: Über die Kreideformation der Monte d'Ocre-Kette in den aquilaner Abruzzen. — Ber. Naturforsch. Ges., *11*, 176—214, Taf. 1—4. Freiburg i. Br. 1901.

Schremmer, F.: Bohrschwämme in Actaeonellen aus der nordalpinen Gosau. — Sitzungsber. Akad. Wiss., math.-nat. Kl. I, *163*, 297—300, 1 Taf. Wien 1954.

Sedgwick, R. A. & Murchison, R. J.: A sketch of the structure of the Eastern Alps etc. — Trans. geol. Soc. (2) *3*, 301—420, Taf. 35—40. London 1831.

Spengler, E.: Das Sonnwendgebirge im Unterinntal. II. Teil. 200 S., 30 Taf. Wien (Deuticke) 1935.

Stchepinsky, V.: Contributions à l'étude de la faune crétacée de la Turquie. — Meteae Maden Tektik Arama Entstitüsü (B) Mém. Nr. 7, 68 S., 7 Taf. Ankara 1942.

— Fossiles caractéristiques de Turquie. — Matériaux de la carte géol. Nr. 1. 151 S., 37 Taf. Maden Tektik Arama. Ankara 1946.

Stoliczka, F.: Eine Revision der Gastropoden der Gosauschichten in den Ostalpen. — Sitzungsber. Akad. Wiss., math.-nat. Kl. I, *52*, 104—223, 1 Taf. Wien 1865.

— The Gastropoda. — Palaeontologia Indica (Mem. Geol. Survey India), Crataceous Fauna of India, *2*. 498 S., 28 Taf. Calcutta 1868 (herausgeg. S. 1—204, Taf. 1—16: 1867, Rest 1868).

Tiedt, L.: Die Nerineen der österreichischen Gosauschichten. — Sitzungsber. Österr. Akad. Wiss., math.-nat. Kl. I, *167*, 482—517, 3 Taf. Wien 1958.

Waehner: Das Sonnwendgebirge im Unterinntal. I. Teil. Wien (Deuticke) 1903.

Wenz, W.: Gastropoda. — Handbuch d. Paläozool. *6*/1. 1639 S. Berlin (Borntraeger) 1938—1944.

ZEKELI, F.: Die Gasteropoden der Gosaugebilde. — Abh. geol. Reichsanst., *1*, 1—124, Taf. 1—21. Wien 1852.
ZILCH, A.: Gastropoda II. Euthyneura. — Handbuch d. Paläozool. *6/2*, I. Teil: 834 S. Berlin (Borntraeger) 1959.

VI. Tafelerklärung

Tafel I

Fig. 1—3. *Angaria (Angaria) aculeata* ZEK. Nat. Gr.
Fig. 4—5. *Tectus sougraignensis* COSSM. Nat. Gr.
Fig. 6—8. *Otostoma (Otostoma) zekeliana* (STOL.).
Fig. 9—12. *Neritopsis (Neritopsis) goldfussi* (KEFERST.). Etwas vergr.
Fig. 13—16. *Tanaliopsis spiniger* (SOW.). Nat. Gr.
Fig. 17—18. *Ampullina (Pseudomaura) bulbiformis bulbiformis* (SOW.). Nat. Gr.
Fig. 19. *Haustator fittonianus* (MUENST.). Nat. Gr.
Fig. 20—21. *Turritella (Turritella) difficilis repelini* n. ssp. Fig. 20: 3×, 21: 2×.
Fig. 22—23. *Pirenella münsteri* (KEF.). 3× vergr.
Fig. 24—25. *Bulbus (Amauropsis) baconica nov. spec.* Holotypus. Nat. Gr.
Fig. 26. *Tympanotonos (Exechocirsus) reticosus* (SOW.). 2× Nat. Gr.
Fig. 27—28. *Tympanotonos (Exechocirsus) aff. inferiore* SCHNARR. Nat. Gr.
Fig. 29—30. *Cantharulus gosauicus* (ZEK.). Nat. Gr.
Fig. 31. *Glauconia (Gymnentome) renauxiana* (D'ORB.). Nat. Gr.
Fig. 32—33. *Cryptorhytis baccata* (ZEK.). 2× vergr.

Tafel II

Fig. 1—8. *Glauconia (Glauconia) coquandiana kefersteini* (MUENST.). Nat. Gr.
Fig. 9—14. *Glauconia (Glauconia) kuehni nov. spec.* Nat. Gr. Holotypus Fig. 13—14.

Alle Originale stammen aus der Umgebung von Sümeg und befinden sich in der Ungarischen Geologischen Anstalt in Budapest.

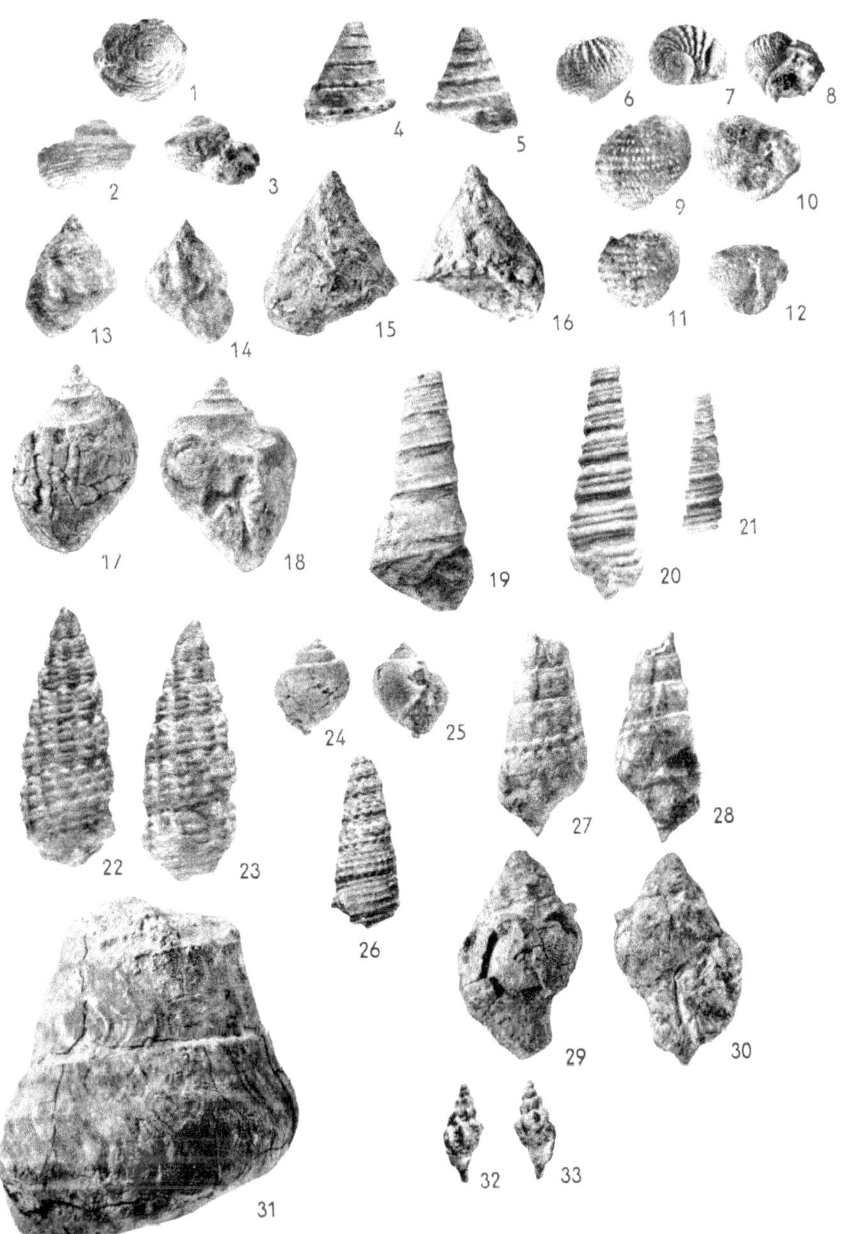
1
2
3
4
5
6
7
8
9
10
11
12
13
14
15
16
17
18
19
20
21
22
23
24
25
26
27
28
29
30
31
32
33

1
2
3
4
5
6
7
8
9
10
11
12
13
14

1957 (S I Bd. 166):

Ehrenberg K.: Berichte über Ausgrabungen in der Salzofenhöhle im Toten Gebirge. VIII. Bemerkungen zu den Ergebnissen der Sedimentuntersuchungen von Elisabeth Schmid. S 5.80

Schmid Elisabeth: Von den Sedimenten der Salzofenhöhle (mit 1 Textabbildung und 1 Beilage) S 14.—

Zapfe H. und Hürzeler J.: Die Fauna der miozänen Spaltenfüllung von Neudorf a. d. M. (ČSR). Primates (mit 1 Tafel). S 10.20

1958 (S I Bd. 167):

Bakalow P., Kühn N. und Sachariewa K.: Die Trias von Kotel (Ost-Balkan). I. Die unterkarnische Ammonitenfauna von Kotel (mit 4 Textabbildungen und 2 Tafeln). S 20.80

Bobies A. Carl: Bryozoenstudien III/2. Die Horneridae (Bryozoa) des Tortons im Wiener und Eisenstädter Becken (mit 3 Tafeln). S 20.70

Tiedt Liselotte: Die Nerineen der österreichischen Gosauschichten (mit 13 Textabbildungen und 3 Tafeln). S 29.60

1959 (S I Bd. 168):

Bachmayer F.: Neue Crustaceen aus dem Jura von Stremberg (ČSR) (mit 2 Tafeln). S 13.50

Kühn O. und Pejović D.: Zwei neue Rudisten aus Westserbien (mit 4 Textabbildungen und 4 Tafeln). S 17.80

Pokorny Gerhard: Die Actaeonellen der Gosauformation (mit 1 Textabbildung und 2 Tafeln). S 31.20

1960 (S I Bd. 169):

Bachmayer F.: Insektenreste aus den Congerienschichten (Pannon) von Brunn-Vösendorf (südl. von Wien), Niederösterreich (mit 2 Tafeln und 8 Abbildungen). S 8.30

Schaffer H.: Interessante obereozäne Echinidenarten aus Bruderndorf (Niederösterreich) und Oberitalien (mit 7 Textabbildungen). S 11.—

1961 (S I Bd. 170):

Bachmayer F.: Neue Insektenfunde aus dem österreichischen Tertiär (Brunn-Vösendorf bei Wien und Weingraben im Burgenland) (mit 2 Textabbildungen und 4 Tafeln). S 170—9, S 13.60

Bernhauser A.: Zur Knochen- und Zahnhistologie von Latimeria chalumnae Smith und einiger Fossilformen (mit 17 Textabbildungen). S 170—6, S 19.40

Ehrenberg K. und Ruckensteiner E.: Bericht über Ausgrabungen in der Salzofenhöhle im Toten Gebirge XIII. Paläopathologische Funde und ihre Deutung auf Grund von Röntgenuntersuchungen (mit 10 Tafeln). S 170—23, S 39.—

Flügel E.: Bryozoen aus den Zlambach-Schichten (Rhät.) des Salzkammergutes, Österreich (mit 3 Textabbildungen und 3 Tafeln). S 170—25, S 20.—

Rutsch R. F. und Steininger F.: Eine neue Pecten-Art aus dem Typus-Profil des Helvétien südlich von Bern (Schweiz) (mit 4 Textabbildungen und 1 Tafel). 170—10, S 18.—

Schaffer H.: Brissus (Allobrissus) miocaenicus, eine neue Echinidenart aus dem Torton Mühlendorf (Burgenland) (mit 1 Textabbildung und zwei Tafeln). S 170—8, S 13.20

Zapfe H.: Ergebnisse einer Untersuchung der Austrlacopithecus-Reste aus dem Mittelmiozän von Klein-Hadersdorf, NÖ. und eines neuen Primatenfundes aus der Molasse von Trimmelkam, OÖ. S 170—7, S 9.30

1962 (S I Bd. 171):

Schmid Manfred, E., Die Foraminiferenfauna des Bruderndorfer Feinsandes (Danien) von Haidhof bei Ernstbrunn, NÖ. 171—18, S 86.—

www.ingramcontent.com/pod-product-compliance
Ingram Content Group UK Ltd.
Pitfield, Milton Keynes, MK11 3LW, UK
UKHW021815190726
13853UKWH00003B/1010

* 9 7 8 3 6 6 2 2 4 0 1 5 1 *